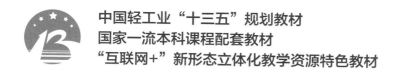

中国轻工业"十三五"规划教材
国家一流本科课程配套教材
"互联网+"新形态立体化教学资源特色教材

景观艺术设计

Landscape Art Design

史明　刘佳　编著

U0242302

中国轻工业出版社

图书在版编目（CIP）数据

景观艺术设计 / 史明，刘佳编著. —北京：中国轻工
业出版社，2024.1

ISBN 978-7-5184-3496-1

Ⅰ.①景… Ⅱ.①史… ②刘… Ⅲ.①景观设计—高等
学校—教材 Ⅳ.①TU983

中国版本图书馆CIP数据核字（2021）第087744号

责任编辑：毛旭林 张 晗 责任终审：李建华 整体设计：锋尚设计
策划编辑：毛旭林 责任校对：朱燕春 责任监印：张 可

出版发行：中国轻工业出版社（北京鲁谷东街5号，邮编：100040）
印 刷：艺堂印刷（天津）有限公司
经 销：各地新华书店
版 次：2024年1月第1版第2次印刷
开 本：870×1140 1/16 印张：9.75
字 数：260千字
书 号：ISBN 978-7-5184-3496-1 定价：49.80元
邮购电话：010-85119873
发行电话：010-85119832 010-85119912
网 址：http://www.chlip.com.cn
Email：club@chlip.com.cn
如发现图书残缺请与我社邮购联系调换
232174J1C102ZBW

前言

本书是在2008年版《景观艺术设计》的基础上修订而成的。2008年版《景观艺术设计》出版后，受到社会的广泛好评，2011年曾重印。恍然十余载，期间笔者多次萌生修订再版的念头。然因教学科研繁重，始终被搁置。2020年《景观艺术设计》一书被立项为中国轻工业"十三五"规划教材，2021年《景观艺术设计》课程获批江苏省一流本科课程，2023年获批国家一流本科课程，促使笔者加快对2008版《景观艺术设计》一书的修订工作。在这里，首先要感谢中国轻工业出版社的大力支持和充分肯定。没有他们的关心，可能新版的《景观艺术设计》无法与大家见面。

在2008年版《景观艺术设计》出版以来的十余年，随着中国特色社会主义进入新时代，城镇化建设和城市发展取得了举世瞩目的成就，对景观艺术设计及人才提出了更高的要求。本书以立德树人为根本宗旨，坚持弘扬社会主义核心价值观，针对我国社会主要矛盾的转变以及国家社会经济发展的需求，并结合国家一流专业"环境设计"的建设要求，对2008年版《景观艺术设计》做出了较大的修改。修订内容主要有四个方面：其一，注重"以人为本"设计理念的贯彻和落实。以景观主体——人的需求为核心来探讨和论述景观艺术设计的设计方法，突出景观艺术设计"以人为本"的理念和特点，使人们充分认识到景观艺术设计在当今的价值和意义所在。其二，围绕景观艺术设计的前沿问题展开教材内容组织。围绕"生态化"与"艺术化"的设计理念来凸显环境设计及相关专业教学的使命，充分体现国家层面对城市更新、乡村振兴、人居环境的可持续发展等重大议题所涉及的环境景观设计的新要求。其三，注重案例和设计经验方法的与时俱进。增补近十年景观发展历史的论述、新的案例内容和图片等资料。特别注重选择我国优秀园林文化遗产和具有代表性的当代优秀景观设计作品作为案例分析的对象，以弘扬优秀传统文化，增强文化认同与文化自信。其四，以各章最后的思考与练习部分帮助学习者厘清思路，抓住要点，检验学习成果。同时启发并鼓励学生主动进行设计思考，能够自主发现设计问题，这是景观设计创新的基本方式，更是马克思主义方法论的体现。此外，在附录部分还附上了十余份优秀设计作品，均为近年来作者指导的在全国重要竞赛中所获得的金银铜奖作品，并分别对其选题及设计亮点进行了分析点评。因篇幅限制，该部分内容安排在附赠的电子资料中。

当然，本书仍然保留2008年版《景观艺术设计》的编写优点，其一，较好的系统性，能帮助学习者树立正确的价值观念和设计观念。框架结构的完整性，对学生建构景观艺术设计理论知识的认知和概念框架起到重要基础作用；其二，从内容上看，注重理论与实践兼顾，知识与方法并重，引导读者在学习过程中主动发现问题，增强自主学习、思考思辨能力；其三，编排逻辑合理，对景观艺术设计各个重点环节层层深入，讲解到位，且图文并茂，可读性极强。

在本书的编写过程中得到了许多同事、学生和朋友的关心、鼓励和支持，在此表示深切的感谢！本书的图片除大部分由作者实地拍摄及绘制外，作者曾经的学生孙翀、张维莎、李萌、李泓葳、祝捷、杨洋也提供了许多精美的实景照片，另外书中照片之外的插图均为学生的作业或临摹作品，其作者分别是花光林、李婧怡、贾春亮、宋春苑、周林、蔡晓、梁旸、林挺、罗亚丹、罗晶、马嘉伟、蔡思穗、蔡治轩、吴向佳、王瑛琦、管宁彤、刘唯书、李泓葳、姚健琛等，在此一并表示感谢！

本书仍可能存在许多不妥之处，望百家指正为盼。

作者

目录

第一章
景观艺术设计概述

第一节　景观的概念及含义

一、景观的概念

从广义的角度来看，景观即我们人眼所能看见的一切自然物与人造物的总和，是土地及土地上的空间和物质所构成的综合体，是复杂的自然过程和人类活动在大地上的烙印。它包括浩瀚的江河湖海、巍峨的山川峰峦，秀美的江南小镇、古老的哥特教堂，鳞次栉比的都市建筑、热闹非凡的城市广场，意境深远的私家园林、气势恢弘的皇家苑囿，幽静的街角绿地、各种不起眼的构筑物……而本书所指的景观则是一个狭义的概念，即经人类创造或改造而形成的城市建筑实体之外的空间部分（图1-1、图1-2）。

图1-1　拈花湾景观/无锡

二、景观的含义

景观与人类之间具有复杂的多层面的物我关系，俞孔坚先生曾从四个层面对景观的含义加以剖析。

1. 视觉美

景观作为视觉美的含义，是人们眼中的景象。景观作为视觉审美的对象，在空间上与人物我分离，人们通过对景观环境的不断塑造，表达了不同地区不同文化乃至不同时期人与自然的关系、人对土地及城市的态度、人的理想与欲望（图1-3）。

图1-2　老西门景观/常德（李泓葳摄）

2. 栖居地

景观作为栖居地的含义，是人们的生活体验。作为人的栖息地，景观是人与人、人与自然关系在大地上的烙印。大地上的景观是人类为了生存和生活对自然的适应性改造和创造的结果。人在空间中的定位和对场所的认同，使景观与人物我一体。景观是由场所构成的，而场所又通过景观来表达，场所由场所的物理属性、人与场所的内外关系、人在场所中的活动以及无所不在的时间四个部分构成可供人体验的景观整体（图1-4）。

3. 系统

景观作为系统的含义，是科学的，具有整体有机性和复杂性（图1-5）。一个景观系统，至少包含5个层次以上的生态关系：第一是景观与外部环境的生态关系；第二是景观内部各元素之间的生态关系；第三是景观元素内部结构与功能的关系；第四是景观中各类生命体包括各类动植物种群与环境间的关系；第五则是人类与环境间的生态关系。

4. 符号

景观作为符号，是人类历史与理想的书，是人与自然、人与人相互作用的过程与关系在大地上的烙印（图1-6）。人是符号的动物，而景观是符号传播的媒体，具有语言的所有特征，包含着语言的单词和构成，是人类理想和文化的载体。

图1-3　蠡园是当地人心中理想江南风景审美的典范/无锡

图1-4　水文化公园/长春

图1-5　后滩公园是尊重景观的科学性、整体有机性和复杂性的典范/上海

图1-6　千泉宫/意大利蒂沃利

景观艺术设计

第二节　景观设计、景观艺术设计的概念及工作内容

景观设计是指在规划设计或场所设计的过程中，对周围环境要素的整体考虑和设计，包括自然要素和人工要素，使其作为人类的栖居之所，更生态、更舒适、更高效，并提高其整体的审美价值。

景观设计的工作内容有别于城市规划、建筑设计、园林设计乃至人们常说的大地景观艺术设计，但与其又有着千丝万缕的联系。

城市规划是指在一定时期内，依据城市的经济和社会发展目标及发展的具体条件，对城市土地及空间资源利用、空间布局以及各项建设做出的综合部署和统一安排，并实施管理。对于城市整体宏观层面上的空间资源分配，城市规划起到了决定性的作用。景观设计应在城市规划的总体指挥下，自觉服从其各项指标的约束，从而使自身融入城市的整体，成为城市的有机组成部分。

建筑设计是针对组成城市空间的细胞——建筑实体而进行的设计，目的是为人们提供满足工作、生活、学习等需要的室内空间及城市硬质视觉形象。它与景观设计并列，在城市总体规划这一隐形指挥棒的调度下，一实一虚、一软一硬、一内一外，相辅相成，共同构成完整的人造生活空间场所。

园林设计即"在一定的地段范围内，利用并改造天然山水地貌或者人为地开辟山水地貌，结合植物的栽植和建筑的布置，从而构成一个供人们观赏、游息、居住的环境"，为了创造这样的环境，园林设计利用植物、土地、水体和建筑四要素展开规划和设计，且随着经济和技术的发展，要素的种类也将不断地丰富和增加。传统园林绝大多数为少数人所私有（图1-7），而现代园林的内容已大大超出宅院、别墅和公园的范畴，泛指为城市中的人们提供游憩的绿地场所。本文所提及的园林均是指现代园林，而有别于传统意义上的园林概念。景观设计脱胎于园林设计母体，从景观发展史不难看出，大量传统园林中所积淀的对于景物和空间的艺术处理经典手法，在现代景观艺术中依然鲜活并起着重要的作用。不同的是，景观所涉及、包容的范围更广，它几乎渗透到现代人生活的各个角落，手段也更为丰富和灵活，而园林设计则是景观设计

的一个重要分支，花草树木的合理配置占据其设计的重要地位，是以植物为主要构景要素的景观设计（图1-8）。

关于现代景观设计所包含的工作内容，刘滨谊先生曾总结为著名的"三元论"（或称三元素），即视觉景观形象、环境生态绿化和大众行为心理三大方面的内容。从世界优秀的景观设计实践来看，无论规模大小，均包含了上述三个方面的考量，只是由于具体项目情况的差异，三元素所占的比例有所不同而已。现代景观设计的类型是极其广泛的。从项目规模分，有大型区域旅游发展规划，有中型的城市公园、广场，还有小型的居住庭院景观环境等；从项目内容分，有风景名胜区总体规划、旅游度假区规划、主题公园规划、城市绿地系统规划、道路景观规划、滨水景观规划设计等；从项目性质分，有自然原始景观的保留，也有人工生态的再造，有立足传统文化的发掘，也有对现代风尚的追求，有基于理性的解析重构，也有基于感性的浪漫随意，有基于工程技术的计算论证，也有基于文学艺术的

图1-7　中国传统园林——拙政园/苏州

图1-8　现代园林——纽约中央公园/美国

灵感顿悟。

景观艺术设计是指针对特定文化背景下的某一特定环境中的特定场所，依据特定使用人群的心理模式及行为特征，利用各种物质手段，结合具体环境特点，对用地空间进行科学、艺术化改造或调整，创造出特定的满足一定人群交往、生活、工作、审美需求的户外空间场所。景观艺术设计是在考量大众行为心理的基础之上，兼顾环境生态绿化的要求，更加侧重于三元论中的视觉景观形象的设计内容。

相对于城市空间而言，景观设计有宏观、中观和微观层面之区分，本书所指的景观及景观艺术设计主要是针对景观设计的中观及微观层面而言，其研究范围与前者相比要小得多，工作内容、研究对象也更加具体，它属于详细规划层面，更关注具体人群对于场地空间的具体使用方式及心理体验。

第三节　景观艺术设计的要素

景观艺术设计的要素有多种分类方法，目前业内最常见的为物质要素和视觉要素两种分类方法。

一、景观的物质要素

丰富多彩的景观世界是由成千上万形态、形象各异的物质共同构成的，依据其物理属性，最终可大致归纳为土地、水体、建（构）筑物、植物、景观设施及光影六大基本物质要素。其中土地要素包含了步行道、地形变化等物质内容；建（构）筑物要素包含了景观中的建筑物、构筑物；景观设施要素包含了艺术装置、休息设施、服务设施、卫生设施及户外标识系统；光影要素包含了利用人工照明和自然光及其所产生的阴影所参与的景观构成活动。此外，对应于人们全方位的感受和体验，景观还包含了声音、气味等其他物质要素。

二、景观的视觉要素

人们对于事物的感知是全方位的，包括视觉、听觉、嗅觉、触觉、味觉等诸多方式，但其中视觉是最主要的感知方式，人们对于景物的感知85%来自视觉的信息反馈。因此，从视觉角度入手，分析其对于景观艺术设计结果的影响方式是极其必要和有效的。

抛开景观构成物具体的物理属性，从视觉感知的角度来看，形形色色的景观都是由形态、色彩和质地三大要素组成。其中形态要素最为关键，它又是由一些最为基本的"模块"组合而成的，依据人们在不同距离所见的结果，这些模块主要可归纳为点、线、面、体及其组合而成的空间五大元素。

第四节　景观的基本分类

景观的分类方式是多种多样的，有按性质及使用功能分、按景观的布置形式分、按景观的隶属关系分、按年代分、按地域划分等等，其中按性质及使用功能和按景观的布置形式是最常见和最基本的两种分类方式。

随着现代经济的发展，人们生活方式的不断衍化，现代景观依据不同的性质及使用功能分类，可谓名目繁多，如：风景名胜区、城市公园、植物园、游乐园、休疗景观、纪念性景观、文物古迹园林、城市广场、城市开放式休闲绿地、居住区景观、庭院、宅园等；与之相比，按布局形式分类则显得较为简明而系统，通常可分为四类：规则对称式、规则不对称式、自然式、混合式。

从景观艺术设计的角度来看，了解景观布局形式的分类，掌握其不同形式所蕴含的个性及其与具体景观场所功能性质的内在关联，对于具体设计的着手无疑是极为重要和有帮助的。

一、规则对称式

规则对称式布局方式给人以严肃、庄重、雄伟、明朗之感（图1-9）。此类布局方式通常强调平面构图的均衡对称，具有明显的主轴线，因其两侧景物、建筑布局均需对称，故而要求其用地平坦，若为坡地也通常将之修整成规则的台地状；此类布局中，道路常为直线型或有轨迹可寻的曲线型，硬质广场也设计成规则几何形的，植物则作等行、等距式排列，且常被修剪成各种整形的几何图案，水体轮廓也强调几何形，驳岸以垂直、严整的形式为主，整形的水池、喷泉、壁泉、涌泉等是其理水的主要形式；此类布局视其规模大小常会设置一系列平行于主轴线的辅轴线及垂直于主轴线的副轴线，并在其交点处设置喷泉、雕塑、建筑等作为对景处理；此类布局方式常被用于皇家园林、政府机关执法部门、纪念性景观建筑等强调庄重、严肃、盛大、雄伟及礼节性的场所设计中。

二、规则不对称式

规则不对称式布局方式给人以自由、活泼、时尚、明快之感。此类布局的平面构图中，所有线条

或曲或直都是规则的、有轨迹可寻的，同时又是不对称的，故而其空间格局显得较为灵活、自由，其中植物种植可采用自然多变的配植方式，不要求其作几何整形的人工修剪，水体及驳岸的形式也较为自由多样。此类布局方式较常见于城市中的街头绿地（图1-10）、商业步行街的节点处理、若干公共建筑围合而成的小型公共休闲绿地等，因其平面布局讲求构图的美观及节奏，故也较常用于强调俯视效果的高层建筑底部的小型庭院布局。

三、自然式

自然式布局方式给人以自然、轻松之感。她以大自然为蓝本，构成生动、活泼的景象。自然式布局方式没有明显的主轴线，水体、道路轮廓线均依整体设计构思、立意及地形变化而设，没有一定的轨迹可寻，地势起伏自然，建筑造型自由，不强调对称，且与具体地形有机结合（图1-11）。此类布局的设计中，水体形式以平静、自由、流淌的水体为主，结合瀑布、叠泉、溪流、雾喷等形式，而较少采用人工味较浓的喷泉形式；植物种植师法自然生物群落，层次丰富，布局自由，尊重其自然生长的形态，依照植物不同的生物特性，合理配植，营造符合整体立意的空间氛围。此类布局方式常用于城市中的休闲性绿地、公园、度假村、居住区绿地、风景名胜区等。

图1-9 规则对称式景观/法国巴黎

图1-10 规则不对称式休闲景观/意大利维罗纳

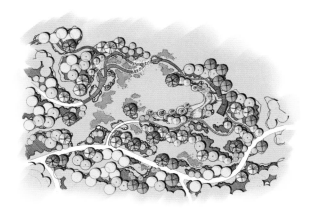

图1-11　自然式布局方式

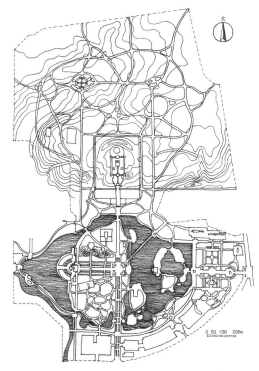

图1-12　混合式布局/沈阳北陵公园

四、混合式

　　混合式布局方式是规则式与自然式布局方式的综合，此种方式在现代景观设计中被大量使用（图1-12）。在一些规模较大的景观规划设计中，人们往往在最重要的构图中心及主要建筑物周围采用规则式布局，而在远离它的区域，则采用渐变的方式，利用地形的自然变化及植物的种植方式逐步过渡到自然式的布局状态。这样的布局既有规则式整齐、明快的优点，又具备了自然式活泼、生动、富于变化的特征，赋予游人更加丰富多样的体验（图1-13）。

　　上述四种布局形式各具特点，各有所长，没有好坏优劣之分，关键在于设计师应结合具体的用地条件、使用人群、用地性质、周边环境等因素，综合考虑，方能优化出最为合理恰当的布局形式。

景观艺术设计

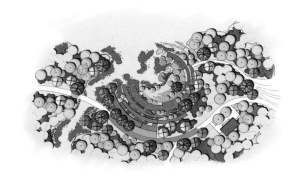

图1-13　混合式布局方式

思考与练习

1. 景观的含义是什么？其在物质建构和审美创造的价值表现又是什么？（其追求的终极目标是什么？）

2. 景观设计专业与城市规划专业、城市设计专业和园林设计专业之间的区别分别是什么？

3. 景观艺术设计与景观设计之间是怎样的关系？

4. 景观的表现形式和基本分类有哪些？举例说明。

第二章 中外景观设计发展概述

第一节　中国景观的发展与特征

一、中国传统园林

中国传统园林有着三千多年的光辉历史，其以独特的艺术风格和意趣、丰富的内涵和精神追求，在世界园林史上与欧洲的古典园林、西亚的伊斯兰园林并称为"世界三大造园流派"。关于中国早期园林或园林基因，《史记·殷本纪》中就有纣王建造"沙丘苑台"的记载，其他诸如周文王筑灵台、灵囿等记载都可以看成是中国早期园林的滥觞。但这种早期园林从本质上讲是以高台为特征，以狩猎为主流活动的，其主要功能是生产、娱神和军事操练，而由此转化为娱人、欣赏为主的宫苑园林是在春秋战国以后。中国古代称园林为"囿""苑"，意为将自然环境中植物繁茂、水源充沛的地方围起来放养禽兽，以供游猎，如西汉的上林苑。真正意义上的中国传统园林产生于魏晋、南北朝时期，这一时期由于佛教传入和玄学的兴盛，文人思想上升，建园之风盛行，且开始人为凿渠引水、堆山叠石，人工山水至此成为骨干，出现了结合山水、植物、建筑等多种造园因素的自然山水园，成为中国早期山水园的滥觞。唐、宋时代，中国出现了"宅园""别业"和私家园林，而此时的所谓别业、池园大多是在城郊优美的自然环境中稍加改造，且以住宅为主体的附属私园。唐宋两代的园林意境由于受到诗词文学艺术的极大影响，对于园林景观的典型化、凝练手法进一步成熟，并完成了写实山水向写意园林的过

渡，文人园林也应运而生。至明、清两代，中国传统造园达到顶峰，而此时的园林则清晰地分为：私家园林，如苏州园林；北方皇家园林，如承德避暑山庄、颐和园等。明清两代是中国园林写意山水集大成者，中国园林尤其是私家园林的许多标志性特征形成，并走向定型。

1. 中国传统园林发展的五个阶段

中国传统园林在长达三千余年的发展历史中，大体经历了五个主要发展阶段：

（1）生成期——殷、周、秦、汉

生成期是中国传统园林萌芽、产生、成长的幼年期，跨越了殷、周、秦、汉四个朝代，持续时间将近一千二百年之久，其演进速度极为缓慢，始终处于园林发展的初级阶段。生成期尚不具备中国传统园林的所有类型，造园活动以皇家园林为主，园林的功能由早期的狩猎、通神、求仙、生产为主，逐步过渡到后期的游憩、观赏为主，同时造园活动缺乏艺术创作的成分，建筑、土地、水与植物多为铺陈和罗列关系，到其后期片面强调规模的宏大，狂热地展现帝王的力量。

殷周时期，作为奴隶制国家，天子、诸侯、士大夫等奴隶主贵族所拥有的"贵族园林"便是早期皇家园林的前身。最早有文字记载的园林形式是"囿"，而其中主要的建筑物便是"台"，"囿"的建置类似于大型天然动物园，主要供帝王贵族狩猎和观游，"囿"与"台"的结合便是传统园林的雏形，

其具有生产、通神和游赏的特点，出现于殷末周初，象征崇山的高台既是受命于天的神圣之所，又是人与"天"相通达的文化符号。其中较著名的有：殷商纣王广建离宫别馆和囿圃，掘沼养鱼，挖池建造鹿台，以达到"娱人王、通天神"的目的；周文王作灵台、灵沼、灵囿，提倡"敬天保民""与民同乐"。其后诸侯各国纷纷效仿天子，各自建造高台囿圃，且园林的娱乐性日益加强。在这些贵族园林中，规模、特点较突出的有楚国的章华台和吴国的姑苏台等。

经春秋战国和秦汉等历代发展，中国园林虽然娱乐性不断加强，但其在娱神、生产和军事操练等方面的功能却一直存在。中国秦汉时代的皇家宫苑，如秦汉两代的上林苑等，都带有圈定范围、军事操练和农业生产等性质。许多园林虽"弥山跨谷"，规模极大，但其中的人造景观成分并不高，是以建筑为主的早期样式（图2-1）。汉武帝将秦时的上林苑扩建为苑中有苑、苑中有宫、苑中有观的规模更加宏大的建筑群，其中水体——太液池占据了重要的位置，在其中布置了象征海中三神山的瀛洲、蓬莱、方丈三岛，形成了"一池三岛"的园林模式（图2-2），

其原型来自对昆仑神山和蓬莱仙境的模拟。"一池三岛"的园林模式对后世中国园林的发展影响深远，并成为后世历代皇家园林的创作模式。

汉代政治强大，经济繁荣，出现了一批富可敌国的王侯达官和富商，他们大肆营建私园，竞相攀比，鉴于用地规模无法与帝王家比，便摆脱了皇家宫苑"法天象地"的手法，转而模仿周围自然山水，即开了"模山范水"的私家园林的先河。其中以权倾一时的外戚梁冀的私园和富商袁广汉的茂陵园最为著名。

（2）转折期——魏晋、南北朝

中国传统园林艺术的第一次飞跃是在魏晋南北朝时期，又称其为转折期。中国文化继战国时代以后，又一次摆脱大一统的思想束缚，出现了丰富的个性面貌。园林不再一味地追求规模的宏大，且从法天象地、模山范水转向以再现自然山水为主体的自然山水园，园林造景由过多的神异色彩转向浓郁的自然气息，园林创作由写实趋向于写实与写意相结合。

魏晋南北朝时期，佛教和玄学的兴盛、山水诗和山水画的逐步成熟，都极大地影响了园林艺术的

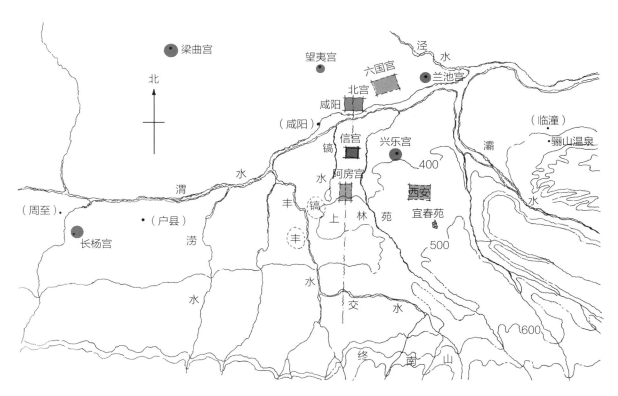

图2-1　秦咸阳主要宫苑分布图

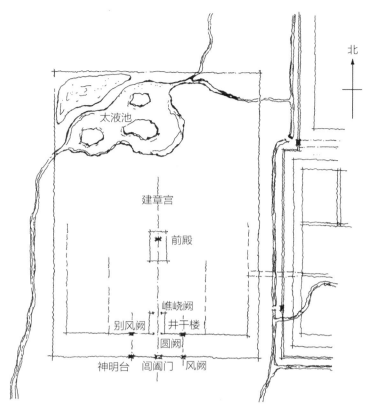

北

太液池

建章宫

前殿

嶕峣阙

别风阙　井干楼

圆阙

神明台　闾阖门　风阙

图2-2　汉代建章宫平面设想图

发展。魏晋园林的主题可以归纳为：远取诸物，近取诸身。园林所追求的不再是包罗万象的宇宙图式，而是文人心中的精神世界。这一时期私家园林大量涌现，在贵族官僚的城市私园争奇斗富的同时，出现了许多庄园、别墅园，成为文人、隐士们"归田园居""山居"的精神庇托。无论是皇家园林还是私家园林，都体现出疏朗、简淡的文人气质，园林在内容和形式上较之秦汉有了重大突破。皇家园林中，游赏功能成为主导或唯一功能，而狩猎、求仙、通神的功能基本消失或仅保留其象征性，生产功能已占很少比重。园林由模仿真山真水、构建宇宙图式转向写实性的再现自然，追求自然野趣，"带长皋，倚茂林"的城市山林是主要的园林景观。建筑不再追求体量巨大、辗转连属，而是自然散落于山林溪谷之间。由于散逸文化的推动，当时的门阀贵胄和文人都以雅好泉石、寄情山水为时尚。即便是皇家园林，也受其影响不再一味求大、求奢华，转而表现出"似有野致"的文人情调。东晋简文帝入华林园所追求的"会心之处""翳然林水""草木亲人"的意境，就代表了当时皇家园林的造园心态。

与此同时出现了大量的寺观园林，且大多建于名山胜水之地。另有许多达官贵人的宅园被舍作寺院，加深了寺庙与园林的特殊关系，奠定了寺园一体的中国寺庙特色。著名诗句"南朝四百八十寺，多少楼台烟雨中"，便是对当时南朝寺院盛况之真实写照。

（3）全盛期——隋、唐

隋唐时期结束了长达三百余年的魏晋南北朝割据局面，重新建立了统一的帝国，中央集权的官僚机制更加健全和完善。在以儒家为正统地位的同时，形成了儒、道、释的互补共尊局面。园林艺术不仅发扬光大了秦汉时期的闳放气度，在精致的艺术经营上也取得了新的成就。伴随着政治、经济、文化的进一步发展，隋唐园林进入了全盛期，中国园林作为一个园林体系，其所具有的风格特征已基本形成。

中国皇家园林继西汉以后，再一次展现出恢宏的气势和绚烂的光彩，从总体布局到局部的设计处理都体现出了皇家气派。在三大园林类型中，皇家园林所占的地位比魏晋南北朝时期要重要得多，出现了隋之西苑、唐之华清宫等一批具有划时代意义的园林。其中隋之西苑是一座人工山水园，规模在历史上仅次于西汉的上林苑，沿袭了汉代"一池三岛"的园林模式，由十六组建筑群结合水道的穿插构成园中有园的小园林集群，园内还有大量的建筑营造和植物配植，它首创了传统园林园中园的设计手法，它的建成标志着中国传统园林全盛期的到来。到唐朝时期，皇家园林已基本分化成大内御苑、行宫御苑和离宫御苑三大类别，充分显示了隋唐宫廷规制的完整性以及帝王园居活动的频繁性和多样性。

与此同时，私家园林的艺术性进一步升华，更加注重园林景物典型性格的刻画和细部的处理。"中隐"之道盛行，文人大量参与造园活动，导致文人园林的兴起。唐人已出现以诗情画意赋予园林景物的做法，通过园景引发联想从而创造园林意境已见端倪。著名诗人王维的"辋川别业"和白居易的"庐山草堂"便是具有代表性的作品，其清新淡雅的格调和较多意境的蕴涵，进一步深化了园林写实和写意创作方法的结合，为宋代文人园林的兴盛奠定了基础。

唐长安作为当时著名的国际性开放城市，极为注重城市建设，出现了许多公共园林，其中也包括点缀在风景区的寺观园林。利用低洼地改造而成的曲江可称为最早的大型城市公共性园林（图2-3）。

唐代园林中，"置石"的运用极为普遍，出现了连绵起伏、有若自然的假山，大多以土山为主。园林之中理水兴盛，或利用基地水源，或运用沟渠引水造景。水景的大量运用体现了当时已具备了相当高的竖向设计技术。

（4）成熟期——宋、元、明、清初

中国传统园林的成熟期在两宋至清初时期，具体又可细分为两宋和元至清初两个阶段。

两宋时期，中国的封建社会已经达到了发育成熟的境地，一方面地主小农经济十分发达，而与此同时，城市商业和手工业也空前繁荣，城乡经济的发展带动了科学技术的突破性进展，建造技术理论的总结性著作《营造法式》和《木经》也诞生于此

期间。在五千年的文明史中，无论是政治、经济方面，还是文化方面，宋代都占据着承上启下的重要历史地位，而在文化方面尤为突出。与汉唐相比，两宋士人心中的宇宙世界缩小了，文化艺术由面上的气势恢弘的外向拓展转向纵深的精细的内在发掘，在一种内向封闭的境界中不断进行着从总体到细部的自我完善，其表现出的精微细腻是前朝所无法比拟的。宋代重文轻武，造园艺术日益与书法、绘画、文学等艺术结成相互渗透的统一有机体。受禅宗哲理和文人画写意画风的影响，宋代确立了"壶中天地"的园林格局，奠定了中国园林象征性、文学化的特征，进入了以表现诗情画意乃至意境蕴涵为中心的写意园林阶段，最终完成了"写意山水园"的塑造。宋代园林显示的蓬勃进取的艺术生命力和创造力，在中国传统园林史上达到了登峰造极的境地。宋代造园技艺日显精细和成熟：叠山置石之风盛行，几乎无园不石，甚至出现了专攻此术的职业"山匠"；理水技艺已发展到能缩摹大自然所有水体形象的水平；园艺技术发达而丰富了植物种类，出现了职业"花园子"。此时，宋代园林已具备了后世园林中所有的建筑类型。

宋代文人园林极为兴盛，成为三大园林中的主流。文人造园几乎涵盖了所有私家园林造园活动，其风格特点可概括为简远、疏朗、雅致、天然四个方面。简远即景象简约而意境深远；疏朗即景物数量不多，不流于琐碎而整体感强；雅致即运用竹、石等雅致格调的象征及诗化的景题引导为君子、哲人、操守、清高等寓意，抒发脱俗和孤芳自赏的情趣；天然即强调与外部自然环境的契合，使之浑然一体，除了多用借景，园内还大量运用植物造景。文人园林的兴盛成为中国传统园林达到成熟境地的一个重要标志。

宋代的皇家园林受文人园林的影响较大，出现了比任何朝代都更接近私家园林的倾向，反映了宋代封建政治制度一定程度的开明化和文化政策的宽容度。以宋徽宗亲自主持建造的艮岳为代表的皇家园林，不再追求皇家气派，而是强调浓郁的文人意趣（图2-4）。建筑不再成为主角，而是因景而设的点缀物和观景场所；人工构筑的山系宾主分明，远近呼应，脉络延展完整，既是对天然山岳的典型概

景观艺术设计

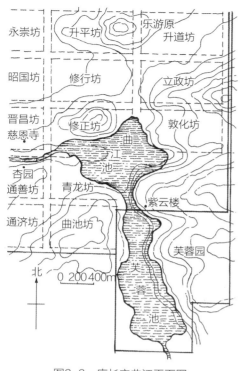

图2-3 唐长安曲江平面图

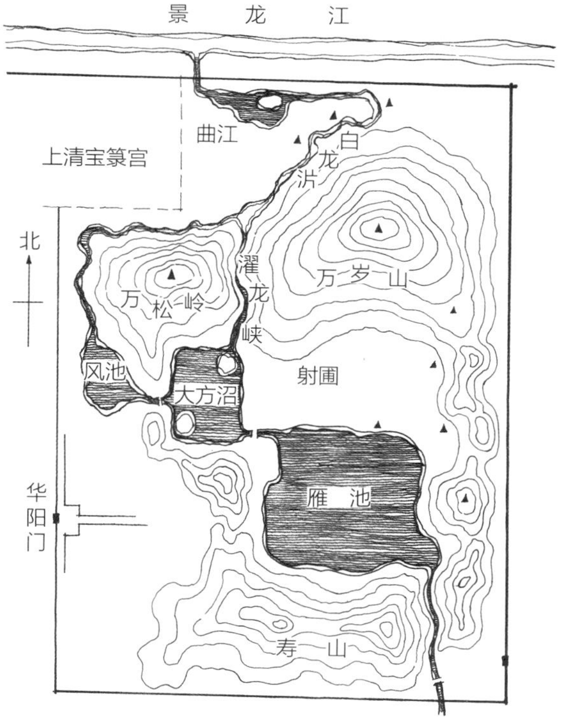

图2-4 艮岳平面设想图

括，又体现了山水画论的构图规律；大量运用具有"瘦、透、漏、皱"风格特征的太湖石以及各种奇花异草、珍禽异兽，高度概括提炼和典型化缩移摹写了大自然的生态环境和各地的山水风景。总之，艮岳被史书记载为一座将叠山、理水、花木、建筑完美结合的具有浓郁诗情画意而较少皇家气派的人工山水园林，代表了宋代皇家园林风格特征和宫廷造园艺术的最高水准。同样，文人园林也涵盖了绝大多数寺观园林，使其呈现出由世俗化转向文人化的发展倾向。

以皇家园林、私家园林和寺观园林为主体的两宋园林，作为一个园林体系，它的内容和形式均趋于定型，形成了中国传统园林发展史上的一个高潮阶段而趋于完全的成熟。

元至清初是中国传统园林成熟期的第二阶段，它大体是两宋阶段的延续，但也有其发展和变化。此阶段，封建集权统治再度加强，封建礼教和等级制度森严。明初大兴文字狱，整个社会处于人性压抑的状态，宋代相对宽松的文化政策不复存在。而明中叶以后，随着市民文化的勃兴，又出现了一股要求个性解放的人本主义浪漫思潮。因此与前朝相

比，这一时期内文人造园的意境更着上一层压抑心理的色彩。明清时期文人、专业造园家和工匠三者的结合，促使园林向系统化、理论化方向发展，一大批造园理论著作问世了。其中明代计成所著的《园冶》一书为我国古代最完整的一部园林学专著，标志着中国园林艺术的高度成熟，多种造园技巧、手法在这一阶段进一步成熟。造园技艺的日益成熟，在促进园林发展的同时，也带来了一定的负面影响，如有些园林过于偏重造园技巧而冲淡了园林意境的蕴涵。

自明代中叶至清初，随着市民文化的发展和大量文人参与造园，中国后期私家造园迎来高峰时期（图2-5～图2-7）。创作风格上，呈现出雅与俗相抗衡和交融的特征。由于民间造园活动的广泛普及，各地出现了以江南私家园林为首的、结合不同人文条件和自然条件产生的乡土园林，导致私家园林出现百花齐放的空前盛况。

受封建集权统治再度加强的影响，这一时期的皇家园林再度追求规模的宏大以及皇家气派的显现，同时又吸取了江南私家园林"林泉抱素之怀"的养分，为后期皇家园林的兴盛打下了基础。

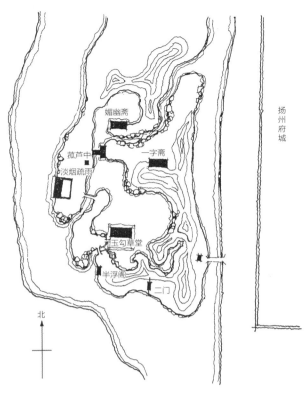

图2-5 计成主持设计的扬州影园平面图

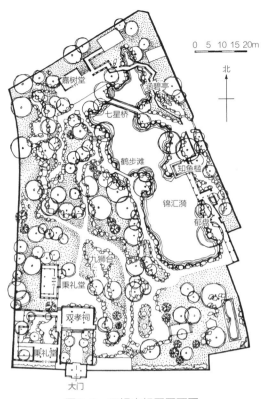

图2-6 无锡寄畅园平面图

在一些发达地区，公共园林已较为普遍，无论规模大小，均为城乡聚落总体的有机组成部分。公共园林虽非园林活动主流，但作为一个园林类型，其所具备的交流、游赏功能和开放性特点及所运用的造园手法，已十分明确。

（5）成熟后期——清中叶、清末

园林的成熟后期是指从清乾隆朝到宣统朝不到二百年的时间，它是中国传统园林史上集大成的终结阶段，既体现了中国传统园林的辉煌成就，又暴露了封建文化末世衰颓的迹象，表现出逐渐停滞、盛极而衰的趋势。

乾、嘉两朝是历代皇家中造园数量最多、艺术造诣最高的时期，特别是乾隆皇帝数次下江南，将江南园林艺术引进御苑，丰富了皇家园林的艺术手法，使皇家园林中名园荟萃，出现了颇有特色的"园中园"。如避暑山庄、圆明园、清漪园（颐和园前身）等一批具有里程碑性质的优秀大型园林（图2-8、图2-9）。

私家园林在承袭前代的水平上，发展形成了江南、北方、岭南三大地方风格，其中江南园林以其造园技艺之精湛、保存数量之多而居于首位。此时市民文化的勃兴使宅园大兴，而别墅园失却了兴旺的势头。士人皆醉心于城市壶中天地、咫尺山林的营建，同时园林中建筑的比重较之前密度加大（图2-10、图2-11）。造园技巧在高度成熟的同时，开始走向程式化而失却了旺盛的生命活力。所以，这一时期的私家园林就情趣和意境而言，未必胜于前朝，尤难及唐宋。

公共园林往往临水而就，适应市民阶层的生活习俗和实际需要，将商业、服务业和公共园林结合起来，形成城市里的公共绿化空间（图2-12），但多半处于自发阶段，始终处于较低的发展层面。

清末造园理论的探索停滞不前，许多匠师们高超精湛的技艺停留在口授心传的原始水平，未得到总结、提炼和升华，失却了早先文人造园积极进取、富于开创的热情，最终导致园林建设的衰颓，宣告了中国传统园林阶段的终结。

图2-7　南京瞻园平面图

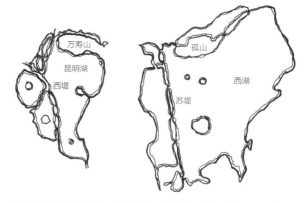

图2-8　从清漪园与杭州西湖之比较可看出其布局是以
　　　　西湖为效仿蓝本

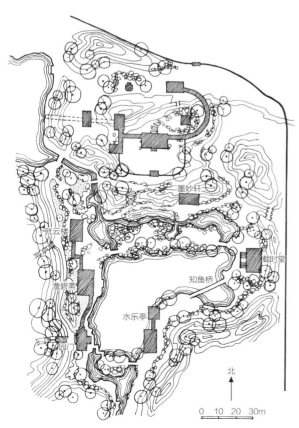

图2-9　清漪园中的惠山园是以无锡寄畅园为效仿蓝本

图2-10　惠山园经改造为谐趣园，建筑密度明显加重

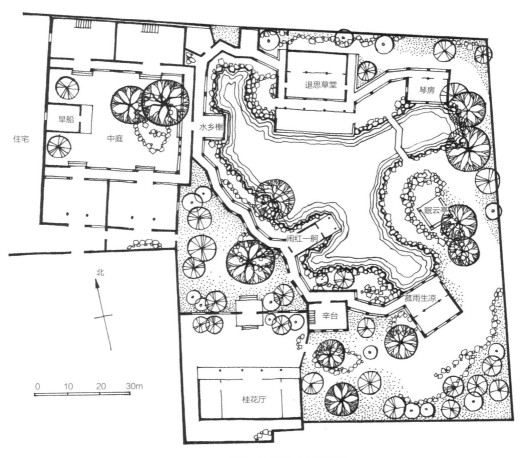

图2-11 苏州同里退思园平面图

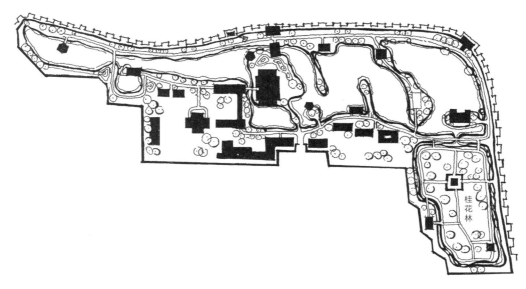

图2-12 四川新都桂湖平面图

2. 中国传统园林的时代变迁（表2-1）

表2-1 中国园林的时代变迁

时代	园林的时代特征	代表性园林
秦	为专制政体，大兴土木，宫廷规模大；建驰道，旁树以青松，为我国及世界行道树的开始	秦始皇仿照六国宫苑而修的宫殿、阿房宫、上林苑
两汉	"一池三岛"的皇家园林模式；私人造园渐开始，如袁广汉之茂陵园	上林苑、甘泉苑、未央宫、兔园、北邙园、冀园、茂陵园
魏晋、南北朝	江南造园渐盛，文人造园源于避世，后则转于隐居性私园，渐以利用自然为主；南朝所在地风景秀丽，自然条件天成，名士竟尚风流，诸园皆成一时之绝作；北朝也有所营构，苑囿规模仍大，私家园林、寺庙园林极盛，出现精致假山；出现了详细介绍洛阳城城市规划、寺庙建筑、城市园林的著作《洛阳伽蓝记》	东晋之华林苑，西晋石崇之金谷园，刘宋之乐游苑、青林苑，梁之兰亭苑、江潭苑，后燕之龙腾苑，北齐之仙都苑，南梁刘慧斐之离垢园，南齐沈约之郑园，北周庾信小园
隋、唐	国富力强，长安城曲江为第一座公共性质的人工型园林；园林发展极盛，多在山林中，占地大，开欣赏奇石之风，山水画得以发展	西苑（以水景为主，开创园中园的手法），华清宫（最早宫苑分置），李德裕平泉庄，王维辋川别业，白居易庐山草堂、履道里宅园
宋	江南私家园林兴盛，文人兴园；"壶中天地"格局确立，园林艺术进入成熟期，作风细腻精到，洒脱轻快；奇石盆景之应用已很普遍；南宋迁都临安，江南园林大盛，"无园不石"、出现"山匠"，融诗情画意于园中，形成三度空间的自然山水，形成中国园林的主流	芳林苑、金明池、艮岳、司马光独乐园、董氏二园、临安真珠园、南园、甘园、水月园、苏舜钦沧浪亭
元	重情味与写意，精神上追求庭园更能表现人格，抒发胸怀；园中之叠石，如云林之画，逸笔草草，精神俱出	御苑、倪瓒云林堂、狮子林、沈氏东园（今留园）、常熟曹氏陆庄
明	规模进一步小型化，有"芥子纳须弥"的审美情趣；园林的基本模式未有大的变化，但技艺、手法进一步完善，达到登峰造极的地步；出现中国造园史上唯一系统论述园林艺术的专著《园冶》	太苑、上林苑、徐远园邸（清改瞻园）、上海潘氏豫园、陈氏日涉园、苏州王氏拙政园、徐参议园、燕京米仲诏湛园、漫园、勺园、绍兴青藤书屋（徐渭宅）、王世贞太仓弇山园（今汪氏园）、计成扬州影园
清	康熙、雍正、乾隆为盛期，有离宫多处，皇家园林名园荟萃；民间造园已很普遍，人文气息日重，空间略显拥塞；造园著作有李渔的《一家言》和沈复的《浮生六记》	北海宫苑、圆明、畅春、万春三园、御花园、乾隆花园、避暑山庄、颐和园、南京袁枚随园、李渔半亩园、退思园、苏州留园、网师园、怡园、西园

资料来源：周维权《中国古典园林史》等。

3. 中国传统园林的艺术处理手法

尽管系统化的中国传统园林理论专著只有《园冶》一部，但是中国历代文论、画论中却包含了大量关于园林品赏和造园技艺的论述。

（1）意境

中国园林所追求的美，首先是一种意境美，一种天地相亲和、充满深沉的人生感悟的哲理性的美。它不强求逼真地重现自然山水形象，而是把那些最能引起人思想情感活动的因素纯化并吸收到园林构筑中，以象征和写意手法反映高远、深邃的意境，使观赏者感到亲切又崇高。

中国传统园林是儒道二种哲学思想的共同产物，以儒家为核心的传统文化为中国园林注入了积极的理性精神和现世情调。而道家思想则构成了中国园林的自然山水骨架。正是由于道家朴素自然观的深刻影响，中国传统园林自始至终都没有改变对自然山水的崇尚。无论是秦汉的模山范水，还是明清园林"一勺代水，一拳（卷）拟山"的高度写意化手法，其本质都是醉心自然、再造自然。所以，中国传统园林是"人工中见自然"。

中国传统园林是个人在礼制空间以外放松精神、陶然性情的空间，因此中国园林追求生活情趣，带有浓厚的世俗化成分。强调娱乐与山水情致的结合，可观、可游、可居是园林的基本要求。无论是气势恢宏的皇家园林，还是小巧精致的私家园林，在追求娱乐性上是一致的。所以，中国传统园林是以动观、路游为主的园林。其意境是动态的、时空是流转的，所谓"移步换景"指的就是这种空间特点。

中国传统园林在追求禅宗式的适意自在、处世旷达与精神物外的哲学思想影响下，多注重内心感悟和内省。追慕"小中见大""壶中天地"的园林模式和审美观念，为园林这种形式上有限的自然山水艺术提供了审美体验的无限可能性。打破了小自然与大自然的根本界限，且在一定深度上构筑了文人园林的小中见大、咫尺山林的园林空间。尤其是明清以来的江南文人园，多显小型化趋势。一方面面积、规模小型化，另一方面表现在立意于给人想象的余地，将限定性因素减至极点。这和现代极少主义设计思想有异曲同工之处。由此可以看出，中国传统园林追求简、淡、古、拙。在艺术上，不重于再现自然，而是追求诗画的意境。对于艺术意境的刻意追求决定了它的艺术创造重表现、重会意。

（2）表现手法

一是运用借景的手法来组织空间、扩大空间，强化园林空间景深，丰富视觉感受。如明代造园家计成《园冶》中所谓"园虽制内外，得景则无拘远近……""俗则屏之，嘉则收之"等。

二是以写意、比拟和联想手法使意境更为深邃。中国传统园林中的山石、树木多重于其象征意义，其次才是花木竹石本身的实际形象或是其形式

美。中国传统造园的植树、理水、堆山、叠石都强调用画意、匠心，如窗外花树一角，即为折枝尺幅；又如山间古树三五，幽篁一丛，乃模拟枯木竹石等。

三是运用匾额、楹联、诗文、碑刻等形式来点题或强化园林意境美，产生情景交融，"耳中见色眼里闻声"的功用。

（3）造园空间分析

首先，内向与外向不同的空间布局形式。内向与外向作为互为对立的两种倾向体现在古典园林的布局形式和建筑的空间组合之中。其中内向布局的形式，即所有建筑均背朝外而面向内，从而形成一个以内园为中心的格局形式，如苏州园林中的半园、畅园。而外向布局，即以建筑为中心在四周布置庭园绿化，如苏州的沧浪亭。

其次，明确的空间主从关系与重点的突出。为突出主题，中国传统园林中，凡由若干个空间组成的园，不论规模大小必使其中的一个空间或面积大于其他空间，或位置比较突出，或景观内容丰富，从而成为全园的重点，如无锡寄畅园。对于更大型的园林来讲，不仅要有重点景区，而且在重点景区之内还应有更为集中的焦点——重点之中的重点。对于特大型园林皇家园林来讲，随着园林规模的扩大，对于制高点的控制力要求也越高。

再次，不同空间形态的对比明显。在中国传统园林中，空间对比手法的运用最为普遍，形式最多样，也最富成效。具体手法有空间的大小对比、空间的形状对比以及空间的疏密对比等。苏州留园是运用空间的大小对比手法的典范。

最后，有序的空间组织。中国传统园林中，空间序列组织的方式有环形空间序列、直线式序列和放射状序列等。

二、中国当代城市公共空间景观设计发展与特征

园林艺术的本来面目，即美化人的居住环境而不是异化、人工化居住环境。传统造园的宗旨本不是阻隔自然，孤立人类，相反是为了更亲近自然，更深切地感受自然的阴晴雨雪，使人的生息、繁衍真正融入自然交替。现代园林艺术所承担的不仅是美化空间、更是柔化环境、舒缓城市节奏、改善人

际交流的重要手段。其实用、精神两方面功能的完美实现是现代园林设计艺术的重要任务。随着社会的发展、使用对象和使用方式的变化，在当代，园林的概念被进一步深化，其外延更被扩展至人们日常游憩、活动、交流的各个都市公共空间和对自然风景的保护与再现两个方面。同时，鉴于园林的概念因社会认知心理定势和学科范畴而具有一定的局限性，人们习惯用具有学科交叉特点并更为宽泛的景观设计概念来界定当代以城市为中心的公共空间设计。

中国当代城市公共空间景观设计的发展历程可以追溯到1978年的改革开放。惊人的经济发展、伴随而来的城市建设高潮，使我国城市公共空间的景观设计也得到了空前的发展。作为城市生活和文化的重要载体，城市公共空间是城市形象的代表，并且担负着城市的多种复杂功能。自1978年改革开放以来，四十多年时间里，我国城市公共空间景观设计及其设计理念也经历了四个阶段的演变。

1. 四个不同的发展阶段

（1）改革和探索阶段（1978—1991年）

从1978年到1991年，是计划经济向市场经济转变的过渡时期，也是中国当代城市公共空间景观设计理念发生转变的第一阶段。

改革开放以前，中国城市公共空间的类型主要是广场和城市公共绿地，改革开放以后，传统的街道空间演变为商业步行街，它的出现丰富了公共空间的类型。比较有代表性的是南京夫子庙商业步行街（图2-13）和北京琉璃厂文化一条街等。

除了空间类型的丰富以外，这一时期公共空间的数量和景观质量都大幅度提高。从八十年代初开始，兴起了全民义务植树运动。学术界及广大群众对城市环境的要求已从原先的"卫生保护"发展到以生态学的整体观点着眼，因此，这一时期，城市公共绿地景观得以蓬勃发展，如济南护城河改造等。其中尤以小游园居多，如南京市珍珠小游园、大连市内的小游园等等。仅大连市在这一时期建造的小游园就达34处，比新中国成立后三十年建造的数量还多。

从1978年到1991年的这一阶段中，随着改革开放的展开和西方设计理念的进入，中国城市公共

空间景观设计的发展体现出了"改革中有发展、发展中有突破"，表现为商业步行街只是零星的出现、以城市绿化为单一目标的城市公共绿地景观蓬勃发展的特点。但总的来说，还处于初步发展的阶段。

（2）模仿与反思阶段（1992—1999年）

从1992年中国进入市场经济到2001年中国加入WTO的这一期间，是中国当代城市公共空间设计理念转变的第二阶段。经济的转轨带动了城市建设的高速发展，尤其是1992年邓小平"南方谈话"以后，掀起了1992年、1993年的全国建设高潮以及随之而来的房地产热和开发区热，城市公共空间景观也随着城市建设的浪潮蓬勃发展起来。这一时期，中国城市公共空间景观的建设呈现出"初期的大量西化到后来的反思向前"。

20世纪90年代初，随着市场的进一步打开，经济全球化的影响进一步加强，渗透到政治、文化等各个领域；同时，随着1992年、1993年的"归国热"，海外的学子带回了许多"先进"的设计理论，伴随着国内高涨的建设热潮，这些"先进"的设计理论被广泛地付诸建设实践，城市建设也表现出全球化，呈现出许多模仿西方的现象，出现了大量的西式住宅、欧式别墅。在这种大环境下，城市公共空间景观在蓬勃发展的同时也不可避免地出现了"西化"的现象。这一时期，城市公共空间建设表现为大量广场及商业步行街的出现（图2-14、图

图2-13　夫子庙商业步行街/南京

图2-14　星海广场/大连

图2-15　西单文化广场/北京

2-15），形成"广场热"和"步行街热"，其中不乏盲目地求大、求形式，尤其在旧城更新过程中，这些现象极大地破坏了当地的人文环境、文化脉络，导致城市空间环境单调乏味。

1997年亚洲爆发金融危机，在危机之后，人们开始反思之前的建设热潮，可持续发展的观点也开始受到普遍的关注。在经历了"建设热潮"之后，人们在面对全球化的同时，开始理性地对待城市公共空间景观的建设，而不是忽视城市环境、地域特色盲目地建设，典型的例子有南京汉中门广场和广州陈家祠广场等。不同于90年代初期的简单模仿，这一阶段后期的公共空间景观设计开始表现出空间与周围环境融合和公共空间呈现可持续发展趋势的特点。

（3）兼容并包的共生时代（2001—2009年）

著名建筑学家、清华大学教授吴良镛说："新的时代是一个兼容并包的共生时代——变化、转折、多元、共生……是当今时代和我们面临的21世纪的主要特点。新的时代是一个从多方面批判、继承，但更立足于伟大创造的时代。"

1999年，中美两国就中国加入WTO达成共识。自2001年中国正式加入WTO以来，经济发展进入了一个更加开放的新世纪。随着中国市场的全面打开，各种设计思潮也全面冲击着中国设计界；与此同时，境外设计公司也纷纷进入中国，冲击着国内的设计市场。正是在这样一个多元文化共生、竞争激烈的环境下，中国城市公共空间景观的设计理念在经历了"改革与探索"和"模仿与反思"两

个转变之后，开始迈向更加成熟的设计时代。以上海延中绿地为代表的一系列城市公共空间的建设标志着这个时代的来临（图2-16）。延中绿地的建设完成标志着国内外设计公司合作时代的来临，也标志着"兼容并包"的设计时代的来临。"兼容并包"不仅仅体现在设计理念的多元化上，还包括公共空间形态的多维度、功能的复合性、风格的多元化等（图2-17、图2-18）。

（4）强调人地和谐发展的时代（2010年至今）

随着全球温室效应的持续加剧，海平面上升、湿地退化、土地干旱及沙漠化、棕地污染、资源枯竭、淡水湖泊受蓝藻污染，极端气候频发。2009年12月，联合国气候大会在哥本哈根召开，此次大会被誉为"拯救人类的最后一次机会的会议"，会议

图2-16　延中绿地在设计理念上同时体现了中国的造园思想与西方的生态理念，在满足市民需求的同时，也改善了中心城区的生态环境，缓解了城市热岛效应。此外，还体现了多维度的空间形态、空间功能的复合性等/上海

景观艺术设计

图2-17　功能复合多元的新天地商业街/上海

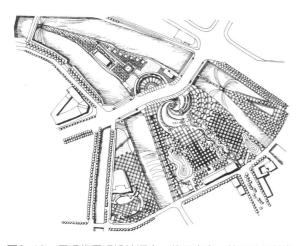

图2-18　用现代景观设计语言，体现古老、悠远独具特色的水文化，以及围绕水的治理和利用而产生的石文化、建筑文化和种植文化的都江堰人民广场/成都

聚焦全球"绿色发展"问题，成为世界全面向低碳时代转型的历史转折点。中国作为减排大国，承诺2020年减排目标为碳排放下降40%～45%。

2010年的上海世博会以"城市，让生活更美好"为主题，体现了全人类对于未来城市环境中美好生活的共同向往，反映了国际社会对于城市化浪潮、未来城市战略和可持续发展的高度重视。其下设五个副主题，分别是"城市多元文化的融合""城市经济的繁荣""城市科技的创新""城市社区的重塑"和"城市和乡村的互动"。上海世博会的主题以"和谐城市"的理念来回应"城市，让生活更美好"的诉求，这个理念包括"人与自然的和谐""历史与未来的和谐""人与人的和谐"以及"城市与乡村的和谐"。这个理念为新世纪人类的居住、生活和工作探索崭新的模式，为生态和谐社会的缔造和人类的可持续发展提供生动的例证，对其后中国城市及乡村景观设计的发展产生了深远的影响。

2014年10月，为节约水资源，保护和改善城市生态环境，促进生态文明建设，住房城乡建设部依据国家法规政策，并与国家标准规范有效衔接，组织编制并发布了《海绵城市建设技术指南——低影响开发雨水系统构建（试行）》。同年12月31日，财政部、住房城乡建设部、水利部联合下发了《关于开展中央财政支持海绵城市建设试点工作的通知》，以确保和促进海绵城市建设的推进。

乡村是人类家园的根本所在，在快速城市化过程中，许多地方出现了不同程度的土地抛荒、村庄空心化现象。为此，跨入新世纪后，政府为推进中国乡村复兴，先后出台了一系列的政策法规，同时也在实践中不断地调整着重心和方向。从新农村建设到"美丽乡村建设"，再到2018年9月提出的《乡村振兴战略规划（2018—2022年）》，中国乡村的整体复兴已经不是单纯追求农业经济的振兴和乡村外部形象的美化，而是实现城乡融合、乡村一二三产业融合的系统性发展。

这一阶段的中国景观规划和设计已逐渐脱离单纯对于外部美化的追求，进入了强调人地和谐发展的时代，更加注重生态、环保等内在属性。中共十八大强调将"美丽中国"作为这一阶段重要的政策背景支撑，"把生态文明建设放在突出位置"的精神理念，进一步推进了当代景观规划设计契合"美丽中国"的精神内涵。与此同时，国内的景观设计团队日益成熟和自信，涌现出大批秉持独立见解和专业信念的设计师队伍，贯彻融人文关怀与环境修复于一体的理念和优秀景观设计大量呈现；各类理论喷涌而出，如新美学、景观本土化、景观都市主义、生态城市主义、弹性城市、海绵城市等；优秀的景观设计实践层出不穷，如众多的湿地公园、工业遗产棕地改造、滨水廊道贯通与生态修复、社区营造、口袋公园、美丽乡村、乡村振兴等。城乡发展从之前的大规模拆建，转化为存量精细化的品质提升，景观设计与城市规划、建筑、室内设计日益融合。在对景观外在美化的同时，中国当代城市公共空间景观设计还注重选用低能耗、高效能的环保材料与技术措施。其间中国景观设计师的设计实践获得了国际社会的高度关注和广泛认可，众多设计作品在ASLA（美国景观建筑师协会奖）等国际专业领域公认的权威设计评选中，获得了骄人的成绩（图2-19～图2-22）。

2. 四个阶段的不同设计理念

回顾1978年改革开放以来至今，中国当代城市公共空间的发展经历了四个阶段，其设计理念正是围绕人的不同需求经历了四次转变。

（1）"基本功能的满足"为设计的出发点——改革和探索阶段（1978—1991年）

从1978年到1991年，中国城市公共空间有一定的发展，但总的来说，还处于改革和探索的初步发展阶段。城市建设主要依靠政府手段，市民的参与很少。其中城市广场仍以交通广场、纪念广场为主，尺度往往过于宏大，功能也比较单一；城市公共绿地的建设以提高城市绿化率、美化城市为出发点，因而往往不能满足广大市民的使用需求。这一时期，城市公共空间的建设以满足城市的基本功能为设计出发点，很少考虑公共空间与进入其中的人之间的关系，形式和功能相对来说都比较单一。

（2）"美"与"舒适"——模仿与反思阶段（1992—2000年）

20世纪90年代前期，伴随着建筑界盛行一时的"欧陆风"，中国城市公共空间的建设也进入了一个纯粹地追求视觉"美"的阶段。这种"美"表现为

景观艺术设计

图2-19　世博后滩湿地公园/上海

图2-20　棕地改造类的水文化生态园/长春

图2-21　永庆坊恩宁路改造/广州

图2-22　老西门改造/湖南常德

90年代中、后期大量不合时宜的广场、步行街的出现，这些公共空间的出现一定程度上满足了人们"贪大求洋"的心理，但是这一类型的公共空间在过分追求形式的同时，也导致功能的单一，往往是"中看不中用"。

到了90年代中后期，当这一类型的空间超过一定量时（"广场热""步行街热"），人们便开始产生了"审美疲劳"。于是，当亚洲金融危机爆发之后，人们开始普遍地关注可持续发展。所谓的"可持续发展"，其实是人与自然环境的一种平衡与和谐，在城市公共空间上表现为人在空间中所追求的"舒适感"，这种"舒适感"的体现首先是公共空间的功能对人的生理需求的满足。

（3）"心理需求的满足"——兼容并包的共生时代（2001—2009年）

21世纪，中国城市公共空间面临着一个"兼容并包"的设计时代，这个时代是一个多元化的时代，但总的来说，这是一个人性化的时代。这里所说的人性化是一个宽泛的概念，不管是本土化、地域性、绿色设计还是生态设计，归根结底都是以人类更好的生存和发展为设计的出发点。随着经济的进一步发展，人民生活水平日益提高，人们对空间环境的需求已从物质层面上升到了精神（文化）层面。文化是有场所差异的，不同的文化有不同的归属。

人对环境的精神层面的追求实际上就是对场所归属感的追求，当人和环境建立起这种场所关系时，便能够达到某种和谐。这种和谐能够使处于该环境中的人在感情上产生十分重要的安全感，能由此在自己与外部世界之间建立较为亲密的关系，它是一种与迷失方向之后产生的恐惧相反的感觉（图2-23）。文化的场所差异以及人对场所归属感的追求要求城市公共空间具有多样性。美国著名记者简·雅各布斯（Jane Jacobs）认为："多样性是城市的天性"，充满活力的街道和居住区都拥有丰富的多样性。因此，在这个"以人为本"的设计时代里，城市公共空间的建设当然要以满足人的精神需求为设计的出发点，即要建设多样性的公共空间。

（4）"拯救人类的家园"——强调人地和谐发展的时代（2010年至今）

进入新世纪第一个十年，全球气候转暖加剧，各类自然灾害频发。人们发现，尽管提倡可持续发展早已成为全世界的共识，但从思想观念的觉醒真正落实到行动的转变，还有漫长的路要走。中国城市公共空间景观发展之前的各阶段，更多的关注点还是在"以人为本"及城市局部的景观完善，而相对忽略了地球生命共同体的整体可持续发展；更多关注了城市开放空间的品质提升，而忽略了城市与乡村融合的共同发展；更多关注了城市级别的广

图2-23　歧江公园脱胎于旧船厂改造，保留了场地记忆/广东中山

场、公园、绿地的建设以及新开发的地产景观的特色打造，而忽略了众多老社区的公共环境品质的提升。

2010年前后，作为拯救人类家园的重要措施和手段，景观设计受到政府和全社会的高度重视，被提到了关乎国土安全和人民幸福的基础设施的重要地位。城市中的景观设计已不仅仅是局部建筑实体间的绿化点缀和环境美化，更是整合调节环境资源，生态修复，注重自然过程和人在其中的体验，以及关注人对环境的能动作用的调动。

在此阶段，景观设计的在地性也成为设计师关注的重要命题，尤其是在美丽乡村及乡村振兴的实践中，涌现了众多充满创意的优秀作品（图2-24～图2-26）。

图2-24　美丽乡村示范村/浙江安吉余村

图2-25　田园东方乡村综合体/无锡阳山

图2-26　浦东滨江绿道/上海

第二节　日本景观的发展与特征

一、日本传统园林

中日传统园林同属东方园林体系，二者同根同源。在长期的文化交流中，日本园林深受中国园林的影响。日本传统园林的山水骨架由中国传入，并发展成为日本式池泉园的原型。

日本传统园林在中国传统园林的基础上，融合了岛国的精神，在所谓"造园的黄金时代"里诞生了禅宗枯山水庭园和茶庭两种新的园林风格，标志着日本传统园林完成了和风化进程，风格趋于成熟，走上了与中国传统园林完全不同的发展道路，与中国后期传统园林拉开了距离。日本传统园林专注于对纯粹和自然美的极端化追求，体现出脱俗、宁静之美，强调精神性；而中国传统园林关注于园林文化体系的博大精深，体现出对世俗理性美的追求，具有功利性、实用性。但即便是在那些"纯粹"的日本风格的园林中（如枯山水石庭、茶庭、坪庭等），中国文化，尤其是中国禅宗文化的影响，仍无处不在。

日本早期传统园林大多受中国传统园林的影响，

尤其是平安朝时期（约相当我国的唐末至南宋时期），可谓模仿时期。经过上千年的发展，日本传统园林逐渐从单一模仿走向多元，主要可以分为三大类，即整形园林、写景园林、写意园林。整形园林包括神苑庭、寺院庭；写景园林包括林泉庭、缩影庭、眺望庭、茶亭；写意园林包括枯山水、吉祥庭。

1. 日本传统园林发展的四个阶段

作为中国园林文化直接影响下的产物，日本传统园林经历了与中国传统园林大体相似的发展阶段。

（1）飞鸟、奈良时代——受六朝和隋唐文化影响的日本传统园林形成时期

日本上古园林以岩座和神池的石崇拜为代表，原始神道和多神教的自然崇拜成为园林的主导思想。直到飞鸟、奈良时代，才受到来自中国大陆样式和佛教思想影响，园林中出现了早期的池岛样式和反映佛教思想的须弥石组。飞鸟时代也是日本绕开朝鲜半岛（百济），直接向中国派遣使者吸取先进文化的开始，先后形成了以六朝风韵为楷模的飞鸟佛教艺术和追慕盛唐风格的奈良文化。园林艺术在原始的岩座、神池基础上产生了丰富的变化，并萌发出豪迈雄强的大陆气度，为平安时代池泉园的兴盛奠定了基础。

（2）平安时代——日本式池泉园的和风化时期

这一时期以池岛与寝殿结合的寝殿造园林以及佛教净土思想影响下的净土庭园为主。寝殿式庭园的配置主要建立在四神及阴阳五行思想的基础上，具有蓬莱样式的特征，铺满白砂的庭园成为贵族们举行仪式及各种社交活动场所。此外，早期佛教净土思想是造就平安园林独特意境的一个重要方面。

（3）镰仓、南北朝、室町时代——受宋文化影响而走向全面禅宗化的时期

这一时期被称为日本造园史上的黄金时代，是日本传统园林展现独特民族风格的时代。禅宗文化和武家政治成为这一时期日本园林文化的主旋律，先后出现了融合净土和禅宗两种风格的新型池泉回游式园林以及枯山水庭园和书院茶庭等多种园林形式。

这一时期的日本园林艺术可分为前后两部分。前期为镰仓、南北朝时代，园林主要形式仍然是以筑山和池泉为主，有相当一批杰出的园林是通过对原有的净土庭园改造而来，如西芳寺、金阁寺园林等。后期以室町时代枯山水和书院园林为代表，枯山水是最能够代表日本民族风格的园林样式。

（4）桃山、江户时代——融合禅宗、茶道以及新儒学的园林综合期和世俗化时期

这一时期是日本传统园林走向综合和完善的时代，出现了将池泉、枯山水、茶庭等多种园林景观集中于一体的大型综合性回游园，如桂离宫、修学院等。影响这一时期日本园林风格的主要因素是政治上的锁国政策和经济上町人地位的上升。前者促成了日本民族文化的高度完善。日本传统的歌道、剑道、茶道、能艺、狂言等民族艺术形式都是在锁国政策的两个多世纪中最终完形的。而后者对园林艺术的发展更起了决定性作用。随着町人文化、市民艺术的上升，日本艺术包括园林风格从中世纪的清冷、枯寂的宗教趣味中解脱出来，走向近代的丰富多彩，其世俗化趣味明显上升。

2. 日本庭园的时代变迁（表2-2）

表2-2　日本庭园的时代变迁

时代	庭园的时代特征	形式	代表性庭园
飞鸟、奈良时代（583—784年）	佛教思想盛行、出现早期律令制度	池泉舟游式（出现须弥山石组等因素）	藤原宫内庭、苏我马子私园、橘诸兄井手别业、平城宫东院庭院
平安时代（784—1192年）	贵族政治（庭园艺术诞生）	池泉舟游式、寝殿式（蓬莱式池泉庭）	东三条殿庭园、大泽池嵯峨院遗址、毛越寺庭园遗址、宇治平等院凤凰堂、白水阿弥陀堂、净琉璃寺
镰仓、南北朝时代（1192—1392年）	受武家政治、禅宗影响	武家、禅宗结合的池泉庭（舟游、回游相结合）	鹿苑寺庭园（镰仓时代，池泉回游式）、金阁寺庭园（蓬莱山水庭）、西芳寺、南禅寺方丈庭（枯山水）

时代	庭园的时代特征	形式	代表性庭园
室町时代（1336—1573年）	北山文化、东山文化兴起，追求枯淡幽玄的禅宗意境	枯山水样式、书院式池泉庭	慈照寺银阁、龙安寺、大德寺大仙院方丈庭
桃山时代（1573—1603年）	灿烂豪华与枯淡幽玄并存	豪华的书院式池泉庭、草庵风茶庭、型篱、型木枯山水	西本愿寺枯山水、醍醐三宝院、京都二条城、桂离宫（池泉回游式与茶庭结合）
江户时代（1603—1868年）	实用儒学与神仙思想并存	大名庭园，书院式茶庭，真、行、草筑山庭和平庭结合	修学院离宫、仙洞御所、京都御所、兼六园、六义园、小石川后乐园、栗林公园、冈山后乐园

资料来源：（日）池田二郎《日本造园设计与鉴赏》。

3. 日本庭园的意境

日本庭园的意境大体包括三种风格，即"物哀"美、禅宗空寂美和"侘"之美。

（1）"物哀"美

"物哀"美以平安时代的净土庭园为典型。园林意境绚丽而哀婉、冷寂而缥缈。园林景观精致优美，而意境和精神却凄凉哀伤。恰如盛极而衰的平安贵族生活在纸醉金迷的繁华与行将就木的空幻相互映衬之中，景观"至美"却不"至乐"，从中根本体会不到中国传统园林的入世欢乐之象。日本文化的物哀美，是平安时代动荡不安的社会现状和佛教悲观主义幻灭论相结合的产物。它是日本传统园林意境中最具特色、最感人之处，日本传统园林的脱俗与优雅的气质大抵来源于此。

（2）禅宗空寂美

中世日本传统园林的主要意象，以禅宗池泉庭和枯山水为代表。园林意境是空幻、枯寂、宁静、抽象，以凝固的瞬间表达永恒。镰仓池泉庭是最具"物哀"美和禅宗枯寂色彩的典型，园林手法简约而意境丰富。例如西芳寺的苔藓、石灯、茅舍表达了深山禅院的寂静、简朴，雄壮的石组表达了对自然和生命意义的超越。而将禅宗美学空幻寂灭的意境发挥到极致的是枯山水。例如龙安寺方丈庭"以石为岛，纹砂象海"，只用寥寥几种元素（砂、石、苔），排除一切荣枯变化，舍弃水体的流动，而代之以凝固和静止，使园林获得一种不变的"永恒"和超自然的力量。所以，枯山水的意境既是至美也是至哀，它集中反映了禅宗美学的枯寂、抽象、纯粹

（图2-27、图2-28）。

（3）"侘"之美

自然主义手法的极致，以桃山时代的草庵茶庭为代表。利休式的茶庭也吸收了禅宗美学的手法和意境，但侧重点与枯山水不同。枯山水绝妙地表现了禅宗"空相"纯净美，草庵茶庭则将禅宗美学的自然本性和直指心性的特点推向极致。茶庭取材自

图2-27 龙安寺方丈南庭枯山水

图2-28 枯山水"以石为岛，以纹砂象海"

然、古朴，不加人工修饰，木柱泥墙、草顶纸窗，一切都以自然、朴素为原则。庭院中生长的苔藓隐去了草木荣枯和四时的变化，石灯反衬出自然的永恒持久的魅力，园林气氛幽玄、风格古拙。

4．日本庭园的主要形式

日本庭园形式的一般特征是：庭园中心为池，有中岛设池中，池左右又有岛，称主人岛和客人岛，有桥把岛和大陆连接起来；池的背面有假山、守护石，又漫布各式理水，一湾溪水中置河石表示河流，上流筑有土山，栽植盆景式乔木和灌木来模拟林地；各式石组细致地散设在造景的地点，池前有礼拜石，此外还有别致的石灯笼、手洗钵等，别具一种风味（图2-29）。

根据庭池的类别，日本庭园分为筑山庭、平庭以及茶庭三种形式，其中筑山庭主要包括有山和池。筑山庭要求较大规模，因为它要表现出岭和湖池的开阔野致以及海岸和河流的景致。筑山庭大抵有水、采取池和瀑布等形式，但除此之外，另有一种筑山庭叫作枯山庭，以石组象征瀑布、白砂象征流水、修剪的树木象征山林的意趣。例如京都龙安寺庭园、京都大仙院方丈庭园等。这就是典型的日本枯山水写意园林，是日本传统园林区别于中国传统园林的最主要特征之一。平庭是在平坦庭地上再现某地或原野的风致，并有露（水）地和茶席两个变种。平庭也常用一片平砂来模拟水。而茶庭只是一小块庭地，通常单设或与庭园其他部分分隔开，四周用笔直竹篱围起来，有庭门和小径通往最主要的建筑，即举行茶汤仪式的茶屋。茶庭面积虽小，但要表现自然的片断，寸地要表现出深山野谷幽静的意氛和孤寂的意境，使人一进茶庭就好似远离尘世一般（图2-30、图2-31）。

日本庭园与日本的书法、绘画、花艺一样，不论筑山庭或平庭，都有"真之筑""行之筑"和"草之筑"三种格式。所谓"真之筑"基本上是对自然山水的写实的模拟，"草之筑"纯属写意的方法，"行之筑"则介于二者之间。"真之筑""行之筑"

图2-29　天龙寺庭院

图2-30　茶庭四周由竹篱围合，有庭门和小径通往茶屋

图2-31　到达茶室前供人净手的洗手钵

和"草之筑"的区别主要是精致的程度不同，其中"真之筑"在要求和处理上最严格、最复杂，"行之筑"比较简化，"草之筑"最为简单。这三种样式主要针对筑山、置石和理水而言，从总体到局部形成了一整套规范化的处理手法。

二、日本现代景观设计的发展与特征

日本现代景观也是在日本传统园林的基础上发展起来的。19世纪明治维新以后，日本大量吸收西方文化，出现了许多西式的城市公园和所谓"洋风"住宅的宅园。但日本在学习西方先进的科学技术与吸收西方现代文明的同时，也对民族精神与优秀传统进行了认真的研究，促使其现代景观设计仍具有自身的场所性、民族气质以及时代特点，并建立起融合了民族文化之精华、独具日本特色和风格的完整的景观设计理论体系。日本现代景观设计的实践具有以下特点。

1. 实施现代景观的管理计划

日本已经有多个城市制定了城市景观管理计划，从城市景观调查入手（包括自然、历史、社会、道路、设施、景观类型、市民印象），对现有的景观进行分析、评价，并在此基础上确立了城市发展的基本理念和城市景观形象，制定了相应的景观基本计划（包括城市整体形象、轴线形象、各类型的景观形象等）和景观建设的方法、体制以及景观管理条例。这使日本城市中各地区的景观设计在一个统一的理念下进行，不仅给人一个整体的印象，而且使城市的环境景观管理有法可依。

2. 归属感和认同感成为核心价值

日本景观设计重视具有民族特点和地域特征的景观设计理论的研究以及设计理论体系的建立。在日本景观设计理论体系中，"场所理论"具有十分重要的地位。"场所理论"的核心是景观设计一切从人的行为和需求出发，使人们在景观场所环境中得到归属感和认同感。

20世纪60年代中期，日本建筑家桢文彦在将西方和日本的城市作了比较之后，提出"场所形成"的理论，认为建筑师要设计的是"场"、组合"场"的结构，同时在场所中"消亡"建筑。桢文彦认为东京的城市形态是"阵取型"的自然的螺旋式发展起来的。在东京，广场与道路只是一些缝隙空间，没有欧洲城市的广场开阔，这也就造成了东西方城市之间在功能、视觉、气氛等多方面的差异。这就是东西方关于"场所感"的差异。崎玉新都心榉树广场就是基于"场所形成"理论而进行城市景观设计的一个很好的例子。该广场以"空中森林"为基本概念，在市中心铁路车场10000m²的遗址上建设。在架空7m高的二层近方形场地内，该广场人工移植了220棵榉树。以榉树这一植物景观取代了以建筑广场道路为主的城市公共空间景观设计方式，充满着日本式的概念。

日本景观设计是从理解普通使用者的需求和对周围生活环境认知的方法出发，力图构建出普通公众身心再生的景观空间。日本现代景观设计摆脱了某种美丽的图案或风景画式的先验主义，不再是作为一组画来设计。在日本，景观可谓是人们心中真正想要的生活场所。

3. 凸现精神性与民族性

在营造人性场所的同时，日本城市景观常常能让人感受到一种独具日本特色的精神和民族气质。如茶道推崇简朴、优雅，禅宗注重静修、朴素，这些思想都常常体现在日本的现代景观设计之中（图2-32、图2-33）。景观的美主要靠其整体比例的协调、完整以及穿透其间的精神与气质，而不是靠装饰。日本禅宗法师兼景观设计师枡野俊明认为，"景观是一种特殊的精神场所，是心灵的栖息地"。这一点在日本今治国际旅馆庭院（松瀑园）设计中有充分的体现。该庭院由动静两个截然不同的部分组成，水池、溪流和瀑布等共同构筑了场所精神。以白砂象征大海，以形态特异的花岗岩石块代表海中诸岛，以三棵矗立的松树营造静谧的氛围，以水声婉转的阶梯状瀑布流水代表大自然的活力。通过动静对比，令人们静静地沉浸于对空间意义的冥想之中，瀑布的强大活力和静静伫立的松树抚平了人们日常奔波的焦虑，使人们领悟到保持动

图2-32　淡路岛梦舞台景观

与静的平衡对于人生的重要意义。整个场所穿透着日本民族独有的精神和气质，其对于景物的深刻感悟，既提炼了自然景观，又创造了自然的境界（图2-34、图2-35）。

图2-33 横滨街景

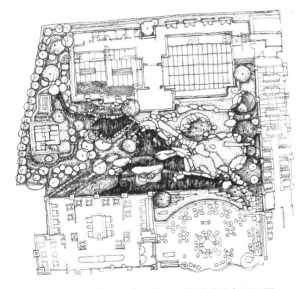

图2-34 松瀑园（今治国际旅馆庭院）平面图

图2-35 松瀑园（今治国际旅馆庭院）一角

4. 关注现实与时代同行

日本现代景观设计在注重场所性和继承本民族优秀传统的基础上，充分尊重现实生活需求，形式为功能服务，强调景观设计的时代性和现实性。当今的日本社会，由于紧张的工作和生活节奏使人们的思维方式更带有机械性，人们在休息的时候不希望就某些较深奥的或不容易理解的话题进行交谈。最典型的例子就是无论男女老少，在休息的时候都喜欢看漫画和电视，且电视节目多是娱乐性节目。也就是说，人们在休闲时比较喜欢一些轻松、娱乐或是内容简单、直观、较容易接受的活动。这些社会现实中的现象很快就被景观设计师所发现并反映在景观设计作品上。例如，日本当代景观设计师三谷彻的桑德药品筑波综合研究所内庭以及风之丘墓园，即通过"形"（视觉的直观感受）来表达设计的意图。这是一种感性的、直观的设计手法，注重视觉上的刺激，并通过整体的氛围渲染出独具日本特色的精神和气质。

第三节 西方景观的发展与特征

一、西方传统园林的起源

1. 古埃及和古希腊的园林

地中海东部沿岸地区是西方文明的摇篮，西方传统园林的起源可以上溯到古埃及和古希腊。

公元前三千多年，古埃及在北非建立起奴隶制国家。由于尼罗河的影响，古埃及成为几何学的起源地，加上浓厚的宗教及气候背景，其园林以荒漠中有水和遮阴树木的"绿洲"作为模拟的对象，并把几何的概念用之于设计中。

古埃及园林是世界上最早的规整式园林。古埃及园林主要具有如下特点：水池和水渠的形状方整规则；房屋和树木亦按几何规矩加以安排，表现其线条美和几何美；庭园的四周设有围墙或栅栏；建筑材料以石材为主。

古希腊由许多奴隶制的城邦国家组成。希腊为地中海东岸之半岛国，山岭起伏，气候温暖，人民爱好社交、运动及野外生活。古希腊的园林主要有三类：其一，是供公共活动游览的园林（别墅园），有林荫道、装饰性的水景、大理石雕像和座椅等，有些还有音乐演奏台以及其他公共活动的设施；其二，是城市的宅园，四周以柱廊围绕成庭院、庭院中散置水池和花木；其三，是寺庙园林，即以神庙为主体的园林风景区。古希腊园林主要具有如下特点：多以水池为中心，几何式的布局，注重公共园景和雕刻物的装饰处理。

2. 古罗马的园林

古罗马继承古希腊的传统而着重发展了别墅园和宅园这两类，其中别墅园修建在郊外和城内的丘陵地带，包括居住房屋、水渠、水池、草地和树林。古罗马园林基本与希腊园林相似，大多为台地式庭园。但到了后期，其造园规模变大，并吸收了西亚的造园风格，借助了山、海等自然之美。

3. 伊斯兰的园林

阿拉伯人原是沙漠上的游牧民族，祖先逐水草而居的帐幕生涯和对"绿洲"和水的特殊感情在其园林艺术上有着深刻的反映。同时由于受到古埃及的影响，伊斯兰园林形成了独特的风格：以水池或水渠为中心，水经常处于缓缓流动的状态，发出轻微悦耳的声音；建筑物大半通透开敞，园林景观具有一种深邃、幽谧的气质。

14世纪是伊斯兰园林的极盛时期。此后，在东方演变为印度莫卧儿园林的两种形式：一种是以水渠、草地、树林、花坛和花池为主体而成对称均齐的布置，建筑居于次要地位；另一种则突出建筑的形象，中央为殿堂，围墙的四角有角楼，所有的水池、水渠、花木和道路均按几何对位的关系来安排。

二、西方传统园林的发展

在中世纪的欧洲，因为封建制的形成和封建领土的割据，封建领主纷纷建造官邸和城堡，所以推进了城堡式庄园的发展。同时，在中世纪时期的欧罗巴，教会和僧侣不仅是知识的掌握者和传播者，还掌握了大量的财富，寺院十分发达，导致园林在寺院得以发展，被称为寺院式园林。

15世纪后半叶，发生和发展于意大利的文艺复兴运动向东传播并影响到西罗马帝国在欧洲部分所有的国家（例如法国、德国等）。这个时期的造型艺术和建筑艺术异常繁荣。同样，一种被称为台地园的新的园林形式于意大利诞生并发展，且向东传播并影响所有欧洲大陆国家以及英伦三岛、北欧等。可见，近代西方传统园林形式的发展是从文艺复兴时期意大利台地园开始，在其设计思想影响下，欧洲各国产生了包括17至18世纪法国宫苑和18世纪英国风景园等在内的具有广泛影响的经典园林。

1. 中世纪的欧洲园林

以下以英国的城堡式庄园和寺院式庭园为例来叙述中世纪的园林形式。

（1）城堡式庄园

英国石砌的城堡内除了宅邸部分外，还有庄园部分。城堡内的庄园主要是药圃，药圃园地通常采取整形格式来规划。另外野营活动和射箭运动等也影响着庄园的布局。

（2）寺院式庭园

这时的寺院建筑规模宏大，整个寺院的总体布置如同一个小城镇，有教堂建筑、僧侣生活区、医院、客房、学校以及包括药圃、果园和游息区在内的庭园部分。其布局原则之一是每一种类型的建筑都有和它相关的园地部分，从而合成一个小区。把种菜、栽培药物等结合在寺院用地的布局中，也反映出中世纪封建社会自给自足的经济特点。寺院中把相应的园地部分和建筑的用途密切结合的传统，在今日英国大学的校园布置中还保存着。

2. 文艺复兴时期的意大利园林

14世纪到15世纪，意大利是欧洲最先进的国家和文艺复兴运动的先驱者，这些都为意大利反对中世纪艺术和走向复兴古希腊、古罗马艺术的道路奠定了基础。文艺复兴时期，艺术的基本内容是对活生生的现实、人生和自然进行描写，把人生和自然从被宗教涂上的神秘色彩下解放出来，并重新认识了人的价值和自然对于人类生活的重要性。在文艺复兴时期的意大利，佛罗伦萨、罗马和威尼斯三个城市分别是文艺复兴运动不同时期的艺术中心。而在当时，无论是建筑艺术还是园林艺术都被看作是造型艺术，庄园别墅的设计者和建造者，往往既是画家、雕塑家，又是建筑师。

（1）主要发展脉络

由于地形及气候的特点，文艺复兴初期的庄园大多依着地势建成自然连接的台地。文艺复兴中期，台地园已成为意大利园林结构上的主要形式，并依台地发展了各种平台外形和登道以及注重阶梯式的设计。台地园在结构上是以中轴线为组织线索的，强调各层台地之间的划分和相互联系。以水为主题的景色成为意大利台地园中的主景。文艺复兴后期即16世纪末叶和17世纪，建筑艺术进入了巴洛克时期，其清规戒律的束缚使艺术趋向了无生气。这个时期的台地园更刻意致力于技巧和装饰，尤其表现在细部对称、几何形图案和模纹花坛的运用上。或以大门、台阶、壁龛作为一个视景焦点，处理已达到登峰造极的程度。

（2）意大利台地园的风格

由于地形和气候的特点，意大利的庄园都是建于郊野的山丘上，于是就产生了在结构上称作台地园的园林形式（图2-36）。这种庄园运用这一地形结构辟出台地，并灵巧地借取远景，邸宅的设置在中层或最高层台地上，并有既遮阴又可眺望远景的拱廊。各个台地内部形式的规划，大抵采用方与圆结合的方式，在下层的台地部分多用表现图案美的绿丛植坛。从台地园的形式来看，它是一种在天然环境里采取了规则对称式整齐格局的庭园。为了使格局整齐的园地与周围自然环境相协调，从靠近建筑的部分至自然风景，台地园主要运用了逐步减弱其规则式风格的手法，如从整形修剪的绿篱到不修剪的树丛，然后才是大片园外的天然树林的手法。

水在意大利造园中是极重要的题材，台地园在设计上十分珍视水的运用。水既可调节小气候，又可使园景生动。台地园理水的式样可谓是多种多样又各有特点。一般而言，大抵在最高处设置汇集众水的贮水池，然后组织水体顺地势而下。如组织瀑布、溢流、承流或急湍、喷泉、水池、小运河以及利用击水之声构成音乐旋律等方式。容水的结构物的设计同样十分讲究，尤其表现在外形装饰上，常常处理成雕像。另外在有理水方式的局部，常充分利用植物的配置和光的作用，运用明暗对比的手法来加强水景的表现力（图2-37）。

意大利园林对于植物题材的处理也有其特色。

图2-36　意大利台地园示意图

图2-37　千泉宫水景/意大利蒂沃利

格局整齐，以矮篱形式构成几何形图案的纹样绿丛植坛，具有很好的俯视效果，亦可说是台地园的产物。处处森林样绿荫和绿丛植坛就成为意大利庭园植物题材上独特风格的表现。另外，在植物材料的配置上，避免用色彩光亮和暖色的花卉，并注意运用明暗浓淡不同的绿色配置。

由于台地园的结构需要，蹬道、台阶等的设计也占据一个重要地位。台阶的式样和变化众多，应根据不同的主题要求，因地而异，有云梯式蹬道并配以跨步小而稍高的台阶，或是跨步大而台阶稍低的宽阔的蹬阶。台地之间的高度较大的部分，采用的阶梯蹬道式样也有多种，或为直线条的"＜＞"形，或为"（）"形曲线形环状。

3. 17—18世纪的法国园林

（1）法国园林的传统特色

法国园林的传统特色具有两个鲜明的特征。其一是森林式栽植。法国的庄园，一般保存有大片的森林作为庄园的园林部分。为狩猎游乐，在林区里辟出直线形道路，用放射的和横向的互相连通的路线组成网状路系，并构成了视景线。其二是运河式或湖泊式的理水方式。主要是在庄园中模拟法国国土上的运河和湖泊的形态作为理水的方式。

（2）勒诺特尔式园林的风格特色

17世纪的法国，路易十四聘请当时的造园大师安德烈·勒诺特尔（André Le Nôtre）所设计和主持建造的凡尔赛宫苑（图2-38），开创了西方园林发展史上新的纪元。勒诺特尔在继承法国园林民族形式的基础上，吸取了文艺复兴时期意大利台地园的布局手法，并结合法国国土的自然条件和君主至上的政治要求而创造了符合新内容要求

图2-38　凡尔赛宫苑鸟瞰/法国巴黎 （图片来源Google Earth）

的新园林形式，形成法国民族独特的园林风格——精致而开朗的规则式园林。其在气势上比意大利园林更宏大，在表现形式上注重人工化，是规整式园林的典范。它亦如同意大利文艺复兴时期的园林一样，风行全欧洲，不仅影响了德国、荷兰、俄罗斯等国此时期的造园，还影响到英国的造园。可以说，当时整个欧洲都在模仿勒诺特尔造园。于是，在西方造园史中，把这个时期法国的这一造园形式称为勒诺特尔式园林。但后期的勒诺特尔式园林受到洛可可风的影响而趋于矫揉造作。

勒诺特尔式园林的主要特色如下：

在视景组织方面，运用丛林区作为不同的活动内容单位，并在丛林中辟出视景线。通过巧妙地组织植物题材来构成丛林区和风景线，而且各个风景线上有不同的视景焦点，同时各视景丛林区相互连贯，成为具有错综变化特点的统一体。

在理水方面，注重光影在水体中的充分表现，大量运用水池、运河及其周围建筑物、雕像和植物等景物倒影的借景手法，并配合喷泉、水池等手段，重视容水的结构物的装饰设计，大多处理成雕塑作品，以此提高其艺术价值。

在植物题材方面，运用经人工修剪、具有整齐外形的乡土树种构成天幕式的丛林，或作为视景线的范围物，或作为包围着纹样绿丛植坛外围的绿屏，或作为喷泉水池的背景等。而在台地上运用植篱的灌木构成纹样绿丛植坛。草花运用比意大利园林丰富，常用图案花坛，注意色彩变化，并经常用平坦的大面积草坪和浓密树林来衬托华丽的花坛。

4．18世纪的英国风景园

（1）英国园林的传统特色

英国园林的传统特色主要是牧地风光本色，又称为杜特式园林。此园林的主要部分是起伏而绵软如茵的草地，在取材上也充分利用当地的植物和岩石等。自然生长的树木散植在草坡上，园中的篱栅、凉亭、栅架喜好用不去皮的树枝和木材来制作。

（2）英国风景园的风格特色

正如文艺复兴时期的意大利园林艺术、法国勒诺特式园林一样，到了18世纪末，英国园林对西方造园史有了新的贡献，这就是英国风景园。英国风景园盛行近一个世纪，欧洲大陆各国以及后起的美

国，都曾受其影响。

18世纪初，英国进入工业革命阶段，资产阶级跻身上流社会，他们遍游名山大川，反映到诗歌、绘画艺术上，便是追求自然、返璞归真，致使艺术思潮发生转变，加之当时社会迫切地需要木材，农业生产上的革命，地区风景面貌的改观，所有这些为英格兰风景园的产生铺平了道路。

英国的风景园其实就是自然主义的风景园。英国风景园的主要风格特色如下：

在视景组织方面，尽量利用附近的森林、河流和牧场的景色，创造开阔的视野。

在园路组织方面，运用曲折的苑路或步道。

在理水方式方面，主要是曲折的深涧和激流以及人工的、湖岸为曲线形的湖池。

在植物题材方面，放弃绿色几何形体，即放弃修剪具有整齐外形的植物的形态，而是强调与自然界的融合。

在边界处理方面，呈开放式，不用墙篱围绕，而以掘沟作为边界的划分方式。

总的说来，英国风景园是表现自然风景，模拟自然，它在具体手法上，与勒诺特式园林的风格完全相反。它否定了纹样植坛、笔直的林荫道、方整的水池、整形的树木，放弃了一切几何形状和对称均齐的布局，代之以弯曲的道路、自然式的树丛和草地、蜿蜒的河流，同时善于运用风景透视线，讲究借景和与外部自然环境的融合。

英国风景园的代表人物主要有肯特、勃朗和莱普顿。

英国风景园从来没有完全成熟而成为完美的园林体系，其完全模仿自然，缺乏亲切动人的意味和生活的真实意义的方式亦不断受到人们的质疑。

三、西方现代景观设计的发展与特征

1．西方现代景观设计源起和发展的主要线索

（1）西方现代景观设计的源起

一方面，18世纪到19世纪初的西方传统园林可以说是法国勒诺特式园林和英国风景园这两大主流并行发展、互为消长的时期。而到19世纪中叶，在欧洲园林中，花卉植物的地位日显重要，对观赏植物

的研究开始成为一门学科，人们在造园中大量使用花坛，并出现了以花卉的配置为主要内容的所谓"花园"。从花园开始，进而又发展了不同植物群落的特殊类型的花园，包括岩石园、高山植物园、水景园、沼泽园，以及以某一类观赏植物为主题的专类花园，例如蔷薇园、杜鹃园、芍药园、百合园等。另外，在19世纪后期，因工业的发展，城市在规模和人口不断扩大的情况下，出现了居住环境恶劣的现象。同时，由于现代交通工具发达，在郊野地区兴建别墅园林遂成为一时之风尚，这种园林形式在19世纪末到20世纪最为兴盛。

另一方面，随着欧洲工业城市的出现和现代民主社会的形成，欧洲传统园林的使用对象和使用方式发生了根本的变化，它开始向现代景观空间转化。英国设计师莱普顿（H.Repton）被认为是西方传统园林设计与现代景观规划设计承上启下的人物，他最早从理论角度思考规划工作，将英国风景园对自然与非对称趣味的追求和自由浪漫的精神纳入符合现代人使用的理性功能秩序，对后来欧洲城市公园的发展有深远影响。

针对城市建筑过于稠密和改善城市的工作生活环境，许多学者提出了种种城市规划的理论和方案设想，包括埃比尼泽·霍华德（Ebenezer Howard）倡导的"花园城市"等，力图改变城市的发展现状和提高城市生活质量。英国政府也划出大量土地用于建设公园和改善新居住区的环境，比较早的如伦敦的花园广场以及稍后的伦敦摄政公园的重新规划设计。在伦敦摄政公园的重新规划设计中，设计师约翰·纳什（John Nash）在原来皇家狩猎园址上通过自然式布局表达在城市中再现乡村景色的追求，并首创性地将公园纳入住宅区的规划中，创造了城市中居住与自然结合的理想模式。城市公园作为一种面向众众开放的公共园林形式从此应运而兴，此后，英国和欧洲其他各大城市也开始陆续建造为公众服务的公园，这种形式的公园便在西方国家的城市中发展起来并逐渐遍及世界各地。其中，英国柏金黑特城的柏金黑特公园和美国纽约的中央公园是早期著名的两座公园。

此外，第一次世界大战后，造型艺术和建筑艺术中的各种思潮与流派迭兴致使西方园林进一步脱离古典主义风格，并引发了现代主义浪潮，比如19世纪下半叶英国的"工艺美术运动"针对工业化而推崇自然主义并提倡简单朴实的艺术化手工产品。又如19世纪末至20世纪初发源于比利时、法国的"新艺术运动"从自然界的贝壳、水漩涡、花草枝叶中获得灵感，采用几何图案和富有动感的曲线划分庭园空间，并组合色彩，装饰细部。可以看到，在一些小规模的庭园中，设计师已尝试着新的设计风格，例如通过直线、矩形和平坦地面强化透视效果，或直接将野兽派与立体主义绘画的图案、线型转换为景观构图元素等。

总之，造型艺术和建筑艺术中的各种思潮与流派对西方园林的观念和设计思想以及设计方法产生了重要的影响，园林的设计产生了新的现象，讲究自由布局和空间的穿插，讲究建筑、山水和植物的体形、质地以及色彩的抽象构图，并且还吸收了日本庭园的某些意匠和手法等。

巴黎1925年的现代工艺美术展览会可谓是现代景观设计发展史上的里程碑。虽然庭园只占展览会展出内容的一小部分，但其与建筑"新精神"一致的设计理念、不规则的几何式样与动态均衡的平面构图以及多样化的材料使用展示了景观设计发展的新方向与新领域。随后，更多现代主义建筑师实践新建筑设计的原则时，不断以新的空间构成方式强化建筑与环境的关系。例如现代主义建筑大师勒·柯布西耶（Le Corbusier）、阿尔瓦·阿尔托（Alvar Aalto）、路德维希·密斯·凡德罗（Ludwig Mies Van der Rohe）等，均有相应的代表作品。

20世纪30年代中期以后，第二次世界大战的爆发使欧洲许多有影响力的艺术家、设计师前往美国，其中德国的瓦尔特·格罗皮乌斯（Walter Gropius）和英国的克里斯托弗·唐纳德（Christopher Tunnard）等人将欧洲现代主义设计思想引入美国，引发了之后的"哈佛革命"（Harvard Revolution），宣告了现代主义景观设计的诞生。其中英国现代景观设计奠基人唐纳德在理论上指出现代景观设计的3个方面：功能、移情、美学。

（2）西方现代景观设计发展的主要线索

西方现代景观设计发展的主要线索可以从欧洲和美国两个方面的发展来作分析。

在欧洲的发展：1920—1950年，欧洲的现代主义景观虽然没有与现代主义建筑完全同步发展，但它受到现代主义建筑的影响，逐渐形成了一些基本特征。例如对空间的重视与追求，采用强烈、简洁的几何线条，形式与功能紧密结合，采用非传统材料和更新传统材料等。

第二次世界大战期间，以斯堪的纳维亚半岛国家瑞典和丹麦为主的欧洲现代景观设计仍得到一定的发展。根据北欧地区特有的自然、地理环境特征，采取自然或有机形式，以简单、柔和的风格创造本土化的富有诗意的景观，并形成了"斯德哥尔摩学派"。它主张以强化的形式在城市公园中塑造地区性景观特征，既为城市提供了良好环境，为市民提供了休闲娱乐场所，也为地区保存了自然景观。

第二次世界大战结束后，欧洲在一片瓦砾堆中开始重建，包括英国、联邦德国等国家的许多城市的新规划都将公园绿地作为重要内容，改善城市环境，并调整城市结构布局，促进城市重建与更新。而以瑞典为代表的"斯德哥尔摩学派"则进一步影响斯堪的纳维亚半岛国家，许多城市将公园连成网络系统，为市民提供散步、休息和活动的空间场所。

1960—1980年，欧洲现代景观设计开始走向多元。60年代的欧洲社会进入全盛发展期，人们对自身生存环境和文化价值危机感加重，主张把对社会发展的关注纳入设计主题之中。在城市环境规划设计中强调对人的尊重，借助环境学、行为学的研究成果，创造真正符合人的多种需求的人性空间；在区域环境中提倡生态规划，通过对自然环境的生态分析，提出解决环境问题的方法。此外，艺术领域中的各种流派如波普艺术、极简艺术、装置艺术、大地艺术等提供了更宽泛的设计语言素材，一些艺术家开始直接参与环境创造和景观设计（图2-39、图2-40）。

20世纪70年代，建筑界的后现代主义和解构主义思潮同样影响着景观设计，设计师开始重新探索形式的意义，或摆脱现代主义的简洁、纯粹，或从传统园林中寻回设计语言，或采取多义、复杂、隐喻的方式来发掘景观环境更深邃的内涵。另外欧洲许多城市和区域环境问题仍然严重，生态规划设计的思想与实践也在继续发展。

20世纪90年代以来，欧洲当代景观设计反对美国所谓的工业或后工业时代景观，更加注重对历史传统的尊重，转向自己的园林文化传统中寻找现代景观设计的依据和固有特征，提倡继承其精神而非形式，在尊重环境场所文脉的基础上拓展新的景观设计手法。

在美国的发展：美国建国时间较短，无特别风格的传统造园式样。殖民时期的园林始终都以住宅庄园为中心，主要接受和运用其他国家的庭园式样。然而现代城市公园运动的进程首先是在美国完成的。在1840年以后，美国在城市化的过程中同样出现了城市人口密集、城市环境恶化的现象。政府为市民修建公益城市公园的运动在美国很多大城市展开，正是在这种背景下，被誉为"美国造园之父"

图2-39 蓬皮杜艺术中心侧水景广场/法国巴黎

图2-40 某建筑庭院水景/瑞士苏黎世

的弗瑞德里克·劳·欧姆斯特德（Frederick Law Olmsted）发起美国城市公园运动。城市公园使人们从原来令人疲惫不堪的大城市生活中解脱出来，满足了人们寻求慰藉与欢乐的需要。1857年建造的面积约为350公顷的纽约中央公园是美国建造的第一个公共公园，也成为现代公园的典范（图2-41、图2-42）。欧姆斯特德主张尽量利用原有的植物与场地特征，充分发挥自然环境特征在景观设计创造中的作用，因而"欧姆斯特德式"的城市公园具有以自然环境为背景，在场地的构图中心设置草坪，主园路贯通全园、以曲线为线型的园路组织顺畅，大量运用当地乡土材料等设计特征。美国的城市公园运动可谓拉开了西方现代景观发展的序幕。

到19世纪后半叶，美国先进城市的标准由"技术、工业和现代建筑"演变为"文化、绿野和传统建筑"。于是出现了将城市公园、公园大道与城市中心连为一体的公园系统思想。再加上20世纪初西方的新艺术运动，乃至现代艺术和现代建筑思潮在美国得到了良好的发育成长，1930以来，欧洲现代景观规划设计理论在美国找到了开花结果的最佳土壤，美国一跃成为引领世界城市景观设计发展的主要流派之一。哈佛大学景观设计专业学生詹姆斯·罗斯（James Rose）、丹尼尔·基里（Daniel Kiley）、加勒特·艾科伯（Garrett Eckbo）等人发起的"哈佛革命"，宣告了现代主义景观设计的诞生，美国的城市景观艺术设计开始走向繁荣。

第二次世界大战后，美国城市景观艺术设计进入多元化发展阶段。20世纪60年代，环境危机出现，随着1962年蕾切尔·卡森（Rachel Carson）《寂静的春天》的

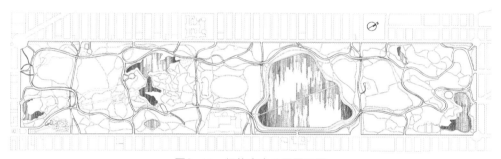

图2-41　纽约中央公园平面图

图2-42　纽约中央公园景观

出版，全美掀起了环境保护运动。1969年，伊恩·麦克哈格（Ian Lennox McHarg）出版了《设计遵从自然》，扛起了生态保护的大旗。对自然美和生态的尊重，成为60年代后美国景观规划设计的主要潮流。60年代的生态意识倾向、70年代的极简主义和80年代的后现代主义思潮直接受到现代艺术和后现代主义建筑的影响，进入21世纪，景观进一步成为当代城市研究的模型和媒介，景观都市主义、生态都市主义应运而生，这是对20世纪80年代以来众多优秀景观设计实践的总结和回应，也是对日益严峻的城市危机所提出的应对策略。麦克哈格、彼得·沃克（Peter Walker）、玛莎·施瓦茨（Martha Schwartz）、詹姆斯·科纳（James Corner）等一大批杰出的景观设计师涌现，他们把现代主义的成果与环境生态运动的成果有机地结合起来，体现了生态与艺术以及设计文化的完美结合，他们创造了众多风格多元的优秀作品，使美国现代景观规划设计实践对世界的影响越来越大（图2-43～图2-48）。

2. 西方当代景观设计的基本特征

尽管美国的现代景观规划设计实践与理论对世界的影响很大，但欧洲当代景观设计有着其独特的一面。以下简要分析一下欧洲当代景观设计的基本特征。

欧洲当代景观设计的基本特征主要表现为：把传统作为本源，注重自己独有的地域文化特征；体现和运用经济技术进步的最新成果；在追求形式与功能的同时，体现叙事性与象征性；在关注空间、时间和材料的同时，把人的情感与文化需求纳入设计目标；在重视自然资源、生物节律等可持续发展问题的同时，把当代艺术通过景观环境引入人类日常生活中。

欧洲各国的当代景观设计具有以上共同特征的同时，又表现出其鲜明的个性。例如除了法国、德国、西班牙、荷兰等国家在欧洲当代景观设计领域有较大影响之外，其他国家如意大利、瑞士、奥地利等也有不少优秀的景观设计师和高质量的景观设计作品。其中法国有拉·维莱特公园（图2-49、图2-50）、雪铁龙公园等重要现代景观设计作品，德国有北杜伊斯堡景观公园等。

景观艺术设计

图2-43　哈佛大学的唐纳喷泉/美国波士顿

图2-44　芝加哥滨河改造/美国

图2-45　高线公园/美国纽约

图2-46　猎人角南滨公园/美国纽约

图2-49　拉·维莱特公园鸟瞰/法国巴黎

（图片来源Google/Earth）

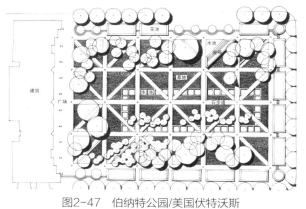

图2-47　伯纳特公园/美国伏特沃斯

图2-48　爱悦广场/美国波特兰

图2-50　拉·维莱特公园运河景色/法国巴黎

思考与练习

1. 中国传统园林各发展阶段的特点及其形成原因是什么？

2. 宋代园林的独特性表现在哪些方面？其在中国园林史上的地位如何？

3. 什么叫园林意境？中国传统园林的意境表现在哪些方面？

4. 中国传统园林的艺术处理手法及特点有哪些？

5. 日本枯山水的设计手法与设计思想是什么？

6. 日本现代景观的发展特点是什么？

7. 中西传统园林艺术相比较，有何异同点？

8. 现代主义建筑对西方现代景观设计发展的影响有哪些？西方当代景观设计的基本特征是什么？

9. 简述中国当代城市公共空间景观设计的发展阶段和特征以及当代景观设计的趋势。

10. 中国当代景观设计应如何传承中国传统园林的精髓？

第一节　景观艺术设计的原则

景观艺术设计的最终目标是为人服务，它体现了人们在物质生活水平满足温饱要求的基础上，对于更加美好舒适的生活方式的追求，换言之即人们从"活着"——满足基本生存的要求，提高到"生活"——对于生存品质的要求，这是人类区别于其他动物的重要标志。景观艺术设计是通过设计和改造人们的物质生存环境，创造出能唤起人们情感上美的感受，从而获得生理和精神双重满足的工作。其目标的最终实现是通过对景观场所中的主体（人）、客体（景观艺术设计要素）与周围环境三者关系的有机协调来完成的。在协调处理上述三者关系时，设计师首先应从把握该景观场所的功能性、生态性、宜人性三项基本原则入手，同时应遵循一套科学的工作方法，而非凭借设计师一时冲动下的主观灵感一蹴而就。

一、功能性原则

着手景观艺术设计首先应把握功能性原则，即功能定位要合理。这便确定了主体（人）与客体（景观艺术设计要素）间关系的正确基调。

人类的物质和精神生活需求是多方面的，形形色色的，丰富多样的，人们需要在不同的场所、氛围中完成不同的行为，从而获得精神层面的美的享受：或三五结伴赴旅游胜地度假休闲，或亲朋欢聚无拘无束，或独自沉思感悟人生，或远避尘嚣投身

自然，或爱侣相拥喃喃私语，或闲来无事看别人的热闹，或赴烈士陵园纪念先烈，或在小桥流水旁怡然垂钓，或是节日里数万人的庆祝集会，或在街头绿地与老友对弈，或在步行街一角逗留观光，或是春日携儿孙郊外踏青，或赴城市历史地段寻访先贤古迹，或在校园一角与同学嬉戏，或假日里趁着春日暖阳在公园踯躅流连……而即便同样的使用功能，也因其地域、文化、气候、使用对象等的差异，而对其景观场所——特定行为的"发生器"有了不同的要求，这些都需要景观设计师通过景观艺术设计为其提供相对应的理想场所。因此，每一项具体的景观艺术设计工作，都有其明确特定的功能要求，设计师应准确把握用地的功能性，了解其使用对象对该场所的具体使用方式，对该场所使用时的基本氛围基调做出正确的判断，同时对用地比例依据不同功能性质的需要做出合理的布局分配，从宏观上保证其景观场所功能的合理性，从而确保其指定行为的顺利发生、实现，满足人们的各种特定需求（图3-1、图3-2）。

二、生态性原则

景观艺术设计应把握主体（人）、客体（景观艺术设计要素）与周围环境三者关系的有机协调，对周围环境文化历史和生态系统的协调和尊重便是坚持了生态性原则。

图3-1　街头浓荫空地——市民休闲街舞的"发生器"/北京

图3-2　各类水景与精美的雕刻物——诉说着一个家族的历史和荣耀/意大利千泉宫

生态性原则包含两方面内容，即坚持文化生态和自然生态的可持续发展。景观艺术设计应满足其特定的使用功能，满足人们多方面的身心需要和享受，满足人类的欲望——对于真、善、美的不懈追求。但景观艺术设计不能成为人类放纵欲望的工具，满足当代人的种种需求应建立在不影响子孙后代的长远利益、不破坏自然生态平衡、尊重地域人文传承的前提下。

由于人类长期对地球自然资源的肆意开发及人为破坏，加上科技的发展使人类的破坏能力呈几何级数的增长，造成了全球生态系统的严重失衡：臭氧层惨遭破坏、地球逐步变暖、水资源日益匮乏，全球自然灾害不断……这一切都在警示当代人：我们只有一个家园——地球，当我们改造我们的生存环境的时候，切记要遵循自然生态的法则，顺应其自然之道。

从炎热的赤道到千里冰封的极地，地球向我们展示了气象万千、变化无穷的景象，地域的差异、自然资源的差异、气候的差异导致了物种的差异、孕育了人类文化的差异，也才产生了世界各地多姿多彩的人文和景观，这是人类文明史上数千年的宝贵积累。然而仅仅几十年的光景，人类怀着征服地

球的一腔豪情，挥洒着自我陶醉的理想，便导致了世界许多城市景观地域差异日益模糊。城市景观同质化趋势致使地域生态特征丧失、地方人文精神泯灭、城市呈现"失忆"状态，城市居民失去了归属感——人们在地方生态失衡、丧失了地域特征浓郁的景观环境家园的同时，更为严重地丧失了其精神家园。这种现象在当下快速城市化的中国表现得尤为严重。

从基地及周边环境的自然、人文先天条件出发，秉承系统的生态观，因地制宜，展开景观艺术设计（图3-3、图3-4），体现了一名景观设计师良好的职业道德和职业素养，也是坚守了景观艺术设计的基本原则。

三、宜人性原则

宜人性是景观艺术设计中必须把握的又一项原则。功能性原则确保了人们特定行为的发生，而宜人性原则体现了人们对于高品质生活的追求，更加关注景观场所中人的心理感受和精神追求。

景观艺术设计中所有要素的安排都围绕着景观场所中的主体——人的需要而展开，主体通过对客

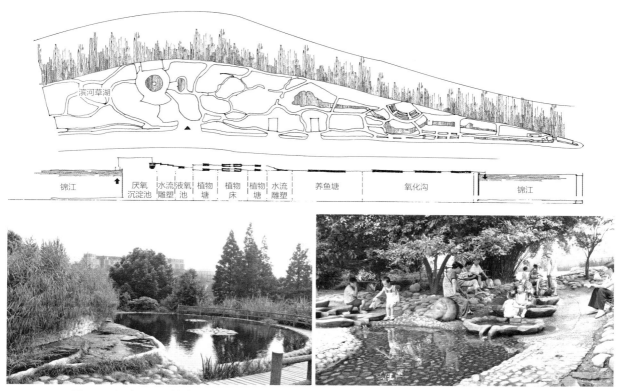

滨河草湖

锦江　厌氧沉淀池　水流雕塑　液氧池　植物塘　植物床　植物塘　水流雕塑　养鱼塘　氧化沟　锦江

图3-3　活水公园是结合其母亲河生态整治以及市民文化的主题公园，深受当地市民的喜爱/成都

体的一系列体验，从而唤起主体精神上的愉悦，获得美好的感受。宜人性即所有的要素安排都适宜该主体在该场所中完成预想的一系列活动和体验并获得身心的愉悦。

宜人性的实现，要求景观设计师具备对于人性敏锐的洞察力，对于人们日常生活长期细心观察和积累，对于人体工学、行为学、心理学、社会学、伦理学、材料学、色彩学、建筑学、城市规划等众

多学科知识的综合了解。了解怎样的场所适合人们停留，怎样的空间令人感觉愉快，怎样的休息座适合人们交流，怎样的景象使人产生恐惧，怎样的材质易使人产生触摸的冲动，怎样的环境能使人情绪逐步平缓，怎样的色彩能使人产生兴奋，怎样的安排会使人容易疲劳……只有掌握了这些秘诀，我们才能在设计过程中做到游刃有余，才能确保设计成果真正贴合人的需求（图3-5）。

图3-4　清溪川的改造在实施环境生态治理的同时，成功保留了城市发展的历史记忆，为市民提供了充满活力的城市开放空间/韩国首尔

图3-5　植物和建构筑物尺度亲切，配置得当，空间层次丰富，氛围清新、雅致的北半园/苏州

第二节　景观艺术设计的工作方法

景观艺术设计作为一门环境艺术，涉及众多学科，综合性极强，它既具有科学性，又不失艺术性，要求设计师具有广博的知识积累和深厚的人文修养，以及考虑问题的系统性和处理问题的综合能力。这对于初学者来说的确存在相当的难度，千头万绪从何入手是每位初学者都会遇到的问题。事实上，万事万物都有着自己的规律，正如所有其他学科一样，人们在长期的生活实践过程中也积累了大量景观艺术设计方面的经验和一整套行之有效的工作方法。

一、景观设计的艺术法则

景观艺术设计之所以称其为"艺术设计"，是因为它涉及社会及人文传统、文学与绘画艺术、人的精神及心理，它是多元化的、综合的、空间多维性的艺术，包含了视觉与听觉艺术、动与静的艺术、时间与空间的艺术、表现与再现的艺术以及实用艺术等，同时与设计师个人的思维、情感、意境、灵感、艺术造诣、世界观、审美观、生活阅历、表现能力等密切相关，最终都是在不同时空中最大限度地满足着人们对环境意象和志趣的追求。在其漫长的发展过程中逐步形成其独特的艺术法则，无论在传统园林还是在现代景观艺术设计实践中时刻闪现其智慧的光辉。

1. 造景之始，意在笔先

景观艺术设计追求意境，强调由满足行为功能的物境，升华至唤起精神层面无限遐想的意境。意境乃设计的灵魂，缺乏灵魂的设计往往造成形散意淡，缺乏吸引力。古今中外，若论意境的营造，最为杰出的莫过于江南古典园林。其中著名的如建于明代的寄畅园，位于无锡风景秀丽的锡惠二山之间，其立意便取自王羲之的诗"取欢仁智乐，寄畅山水阴；清冷涧下濑，历落松竹林"，为其成为中国古典园林中意境高远的上乘之作，奠定了重要的基础（图3-6）。不同时代、不同的人对于人生、社会、自然等均有不同的理解和定位，也有着各不相同的审美情趣与艺术修养。因此，设计师应针对不同的主体确定设计立意，方能收到有的放矢、事半功倍的效果。

2. 相地合宜，构图得体

《园冶·相地篇》主张应充分运用基地原有的地形地貌，因势利导，巧妙布局，形成独具当地特色的景观，不能"非其地而强为其地"，否则只会"虽百般精巧，却终不相宜"；同时应重视景观设计中的空间构图，把握各部分合理的空间比例，给人以美的感受（图3-7）。

3. 虽由人作，宛自天开

中国传统园林在世界景观发展史上具有十分重要的地位，其研究自然之美、师法自然而又高于自然的造诣被世人称颂为"巧夺天工"。在现今的景观

图3-6　寄畅园/无锡

图3-7　寄畅园基地本为平地，因其西面为惠山山麓，故因势利导，在园西堆叠假山，山脚清池萦绕，造成惠山余脉之象，山林野趣陡增/无锡

景观艺术设计

艺术设计实践中，对于景观场所中的主体——长期身居闹市、向往大自然的城市居民来说，该法则更显现其超越时空的耀眼魅力。

4. 开合有致，步移景异

在景观艺术设计中，常通过空间上的开合收放、虚实疏密的变化，调动游人的情绪起伏变化，在游览序列中设置明暗、远近、宽窄、缓急等区别，在视线、视点、视距、视野、视角等方面反复变换，使人产生步移景异、柳暗花明、渐入佳境的愉快感受。

5. 因地制宜，巧于因借

"因""借"二字在景观艺术设计中十分重要，即在考察基地自身的先天条件的同时，应充分把握基地周边一切可以为己所用的良性景观资源，在设计中通过开辟视景线等手法将其引入画面，以增加景观层次感及空间感；同时也应考察季节变换带给基地的种种不同的自然景象，如冬日飞雪、南飞之雁等，通过因时、因地借景，可大大超越有限的景观空间（图3-8）。

6. 小中见大，转换时空

在景观艺术设计中，常通过调动景观设计诸要素之间的关系，利用比例、尺度等形式美规律，通过对比、反衬等手段，使游人产生错觉和联想，达到扩大有限的空间、形成咫尺山林的艺术效果（图3-9）；同时通过景观要素物质属性的转换、隐喻及类比等，调动游人的丰富联想，达到转换时空的艺术效果。

二、基本工作方法及程序

一个优秀的景观艺术设计，不在于其如何引起一时的轰动效应或夺人眼球，而在于它能够介入时空，静静地融入周围的环境血脉之中，带着浓浓的本土气息，默默地、友善地呵护着每位游客的心灵，陪伴着人们一同感受快乐、平静、激动、惊奇、刺激、深远抑或沉寂的不同境界……给人以美好的精神享受和心灵启示；一个优秀的景观艺术设计，其魅力是持久的，它不仅是提供人们良好参与度的活动场所，更是特定人群的精神家园，是令人流连之所，也是当地人们的骄傲。

图3-8　拙政园远借北寺塔景/苏州

图3-9　网师园/苏州

优秀的景观场所的创造必须基于一整套科学的工作方法和程序，同时加上艺术的想象和处理来完成。

1. 基本面考察

一个景观设计工作的介入，作为设计师首先应该明确的是"在哪儿做""为谁做""做什么"，即了解项目的基本面情况，掌握了准确、充分的基础资料，才能帮助我们做出准确的定位，找到最佳的设计切入点。

（1）"在哪儿做"——地块现状及周边环境分析

通常景观场所的选址宜在风景秀丽、有山有水之所，只要对基地稍加剪裁就能取得很好的景观效果，且周围的美景也可借入，以丰富景观层次（当然，在城市中，很多时候我们遇到的项目基地已经是确定的了）。实地勘察是必不可少的环节，通过深入现场调查，了解地块现状的地形地貌和人文历史特征，如基地中有无山脉水系穿越，有无可以利用或需要保护的名木古迹，该基地的人文背景如何，是否在此发生过意义重大的历史事件及其残留物……在对基地作全面细致的勘察和调查之外，还应对周边环境的人文氛围和景观资源作深入的调查分析，应有意识地屏蔽不良环境的影响如噪声、污染及不良景观等，而采用开辟视景线等各种手段将周边美好的景物引入基地的画面，为我所用，以增加景观的空间层次感。在设计中充分利用基地原有的资源和特征，才能确保新建的景观以最为自然的姿态融入周边的环境之中。

（2）"为谁做、做什么"——使用者及使用方式分析

大千世界芸芸众生，不同的种族、不同的人群有着不同的文化背景、审美情趣、精神境界和生活方式，而同样的人群在参与不同的活动时，又因不同的状态或动静所需要的空间、氛围不同而对景观场所产生不同的要求。如同样是聚会，青年人和老年人对聚会环境的要求就不同；同样是针对青年人，用于聚会的环境和为恋人们提供喃喃私语的空间氛围就迥异……因此，只有了解了景观场所的主要使用者及其使用方式，才能确保我们的设计有的放矢，确保功能合理性原则的贯彻落实。

2. 立意

明确了"在哪儿做""为谁做""做什么"之后，我们应该对项目有个基本的预想，即设定"最终效果"，从而决定"具体怎么做"。随着对地块现状及周边环境的深入了解和分析，以及对使用对象及其使用功能、使用方式的确认，基地的用地性质自然也得以确定，如纪念性广场、城市休闲绿地、儿童公园、文化广场、度假村、亲水公园、校园景观等；用地性质一旦确定，结合使用人群的文化层次及文化背景所对应的精神层面的需求，设计师进而须提出与之相匹配的环境气质、氛围基调，这一点因其不可见，在设计过程中往往会被忽视，而这恰恰是景观艺术设计中将某一地方、空间转化为令人向往留恋的场所的关键所在。充分发掘基地中一切可以利用的自然和人文特征，融合提炼，最终赋予该景观场所一个充满意境的主题，随之围绕该主题来确定布局形式，继而展开后续的设计工作，此即所谓的"设计之始，立意在先"。立意是谋篇布局的灵魂，是一个优秀的景观场所特色鲜明、意境深远、主次有序的保障，一个缺乏主题立意的设计，往往好似没有统率的散兵游勇，即便有百般使用技巧，也会显得形散神乏，索然寡味，流于直白（图3-10、图3-11）。

3. 确定出入口的位置

景观场所的出入口是其道路系统的终点和起点。出入口的设置应在符合规划和交通管理部门有关规定的前提下，结合用地性质、开放程度和用地

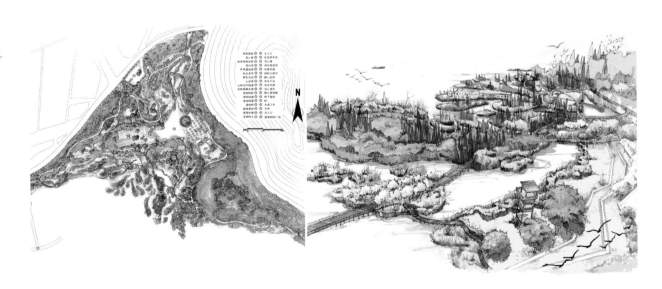

图3-10　图中场地毗邻灵山大佛景区，针对当下都市人群集体焦虑的时弊，引入"心灵环保"主题，结合环境生态的修复展开景观设计

图3-11 以"向死而生"为主题立意，意欲营造可引发人们对于人与自然、生与死等一系列问题深入思考的情境/某矿坑修复改造项目中的现代墓园

规模而定。

（1）封闭型景观场所

如公园、休疗场所等，可以设置若干个出入口，具体数量视公园面积大小及周边地区人流进入的便利性而定，但其主入口应设在主要人流进入的方位，且设置足够面积的广场，以供集中人流的缓冲和集散之用，并应在其附近开辟配套的停车场。封闭型公园，其行政管理区域还宜设置直通外部的后勤专用出入口，以方便对外联系和交流。

（2）城市开放型景观场所

对应其开放性特征，应多设出入口，以便于更多游人的进入和参与；虽然在形式上会有主次出入口之分，但在各出入口均应考虑一定量的停车场。

4. 功能分区

景观场所因其各不相同的用地性质，而会产生不同的功能需求。如某城市滨水开放空间就包含了历史文物古迹保护、传统水乡风情体验、湖滨旅游度假村、丛林漫步、自助烧烤、假日休闲垂钓、水上高尔夫、水上餐饮、游船码头、土特产销售、青少年回归自然探险体验、生态湿地保护、后勤服务、维修管理、停车场等多种功能；而住区中心的绿地往往提供居民户外交往、儿童游乐、社区老人聚会聊天、健身娱乐、观赏树木花草感受四季美景、下棋遛狗、情侣散步、看热闹等活动的适宜空间（图3-12）；步行商业街的广场节点则通常要满足游人休息放松、看热闹、观察过路行人、餐饮、鼓励参与互动性娱乐活动、闹中取静等需要；纪念性景观场所通常包含净化情绪的前导部分、渲染情绪的展开部分、升华情绪的高潮部分、放松情绪的恢复部分及服务管理部分、停车部分，等等。

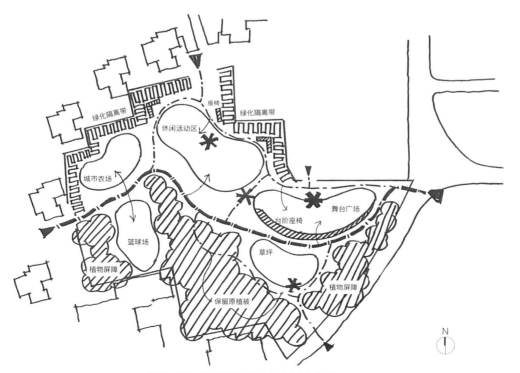

图3-12 某住区绿地功能分区分析图

通过对林林总总的景观场所功能进行整理归类，我们可以发现，从普遍意义来看，景观场所通常包含着动区、静区、动静结合区、后勤管理区域和入口区域等五大类功能区域。当然，并非所有景观场所均包含五大功能区，这是因其具体用地面积的大小和用地性质而异的，但一般至少包含两类以上的功能区域。所谓动区，是指开放性的、较为外向的区域，适于开展众多人群共同参与的集会、运动或是带有表演性、展示性的各类活动；静区，是指带有私密性、内向性的区域，适合如闲憩、静思、恋人漫步、寻幽探胜、溪边垂钓等少量人流或个体远离尘嚣行为的发生；动静结合区，是指动静活动并列且兼容于同一区域，或同一区域在不同的时间段产生时而喧闹、时而宁静的空间氛围，如大片的草坪空间，当阳光灿烂的春日，一群人来此聚餐、游戏、踏青的时候，它是热闹的、喧嚷的，可当人群散去之后，它则呈现出格外宁静的氛围，又如柳枝婆娑的湖岸，常给人以平静、深远之感，但节日里的龙舟大赛又使其成为人头攒动的欢乐的海洋；入口区域，因主次之别，而可繁可简，通常兼有多重功能，如对游客的接待功能、人流集散功能、停车功能、对内部景观气质的暗示功能等。

在景观设计过程中，应将具体功能对应五大功能区域进行归类整理，使动静区域相对独立，自然衔接和过渡，管理区域可设在临近主要出入口且又相对隐秘之处。

5. 景色分区

景观场所中，拥有具有一定游赏价值的景物，且能独自成为一个景观单元的区域，被称为景点，若干较为集中的景点组成一个景区。景点可大可小，大的可由地形地貌、建筑、水体、山石、植被等组成一个较为完整而又富于变化的供人游赏的景域，小的可由一树、一石、一亭、一塔、一墓等组成；景区，是景观规划中的一个分级概念，并非所有景观设计都设景区，这要视其用地规模和性质而定，一般规模较大的公园、风景名胜区、城市公共空间景观区域等都由若干个景色各异、主次各有侧重的景区组成。

在景观艺术设计的过程中，一方面随着不同性质的功能分区的要求，往往造成各区域的景色的不同，而另一方面，从心理学和艺术设计角度来看，一个人气旺盛的景观场所，只有具备各具特色、景色多样的景观区域，方可达到既满足不同人群的需要、又调动游客的游兴的目的。景色分区虽与功能分区有所关联，但它比功能分区更加细腻，要在满足游客正常使用需求的同时，让人产生移步换景的艺术效果，从而获得心灵的享受。如著名的杭州西湖就有苏堤春晓、曲苑风荷、平湖秋月、柳浪闻莺、三潭印月、花港观鱼等十大特色鲜明的景区，各景区中又分布着诸多景点，令游人流连忘返。

景点之间、景区之间虽然具有各自相对的独立性，但在内容安排上应有主次之分，景观处理应相互烘托，空间衔接应相互渗透且留有转换过渡的余地，方能使之成为一个有机整体。

6. 景序、动线、视线组织

（1）景序

人在景观场所中的活动，除了三维空间之外，还穿插了时间轴维度，如同音乐、戏剧、文章等所有伴随着时间轴展开的艺术一样，它也包含了从开始到结束的全过程，在此过程会有展开、曲折变化、情节快慢变化以及高潮等，否则显得平淡乏味。景观的展示也不例外，通常有起景、高潮、结景的序列变化，即景序。起景即为序幕，高潮为主景，结景为尾声，起景和结景都是为了强调主景而设，起景为铺陈阶段，而结景往往给人留有回味的余地。常见的景序安排如：序景—起景—发展—转折—高潮—结景；序景—起景—发展—转折—高潮—转折—收缩—结景等。当然景序的展开虽有一定的规律，但也不能流于程式化，要根据具体情况别出心裁，才能创造出富于艺术魅力的、引人入胜的景观场所。例如，在一些景观设计中，也常有将高潮和结景合二为一的，即主景出现之时便是序列宣告结束之际，这样的处理会使景观的主题思想表达得更为强烈。当然，与其他伴随着时间轴展开的艺术所不同的是，音乐、戏剧的序列是不可逆的，而大多数景观设计都有两个以上的出入口，每个出入口都有可能成为游览的起点，因此，在景点、景区的组织过程中，一定要充分考虑这一因素。

（2）动线组织

动线组织即游览线路的组织，游览线路连接着各个景区和景点，它和户外标识系统共同构成导游系统，将游人带入景观场所中，使预先设计好的景序一幕幕地展现在游人面前。动线组织是迂回还是便捷，均取决于景序的展现方式，或欲扬先抑、深藏不露、出其不意，或开门见山、直奔主题，或忽隐忽现、引人入胜……如通过登高—下降—过桥—越涧—开朗—闭合—远眺—俯瞰—室内—庭园的动线组织，使景序曲折展开。动线组织通常采用串联或并联的方式。一般规模较小的基地中，为避免游人走回头路，建议采用环状的动线组织，也可以采用环上加环与若干捷径相结合的组织方式；对于较大规模的风景区域的规划设计，可提供几条游览线路供游人选择。鉴于游人有老游客和初游者之分，老游客往往需要依据个人的喜好，直奔某一景点，而初游者则要依据动线组织作较为系统的游览，因此需要设计一系列直通各景区、景点的捷径，但捷径的设计必须较为隐秘，以不干扰主导游览线路为前提（图3-13）。

（3）视线组织

除了精心的动线组织和景序安排外，良好的视线组织也是游人感知诗情画意的重要途径。设计师应着力开辟良好的视景通道，在游客驻足处为其提供宜人的观赏视角和观赏视域，从而使其获得最佳的风景画面和最高境界的艺术感受（图3-14）。

图3-13　环上加环与若干捷径相结合的动线组织方式

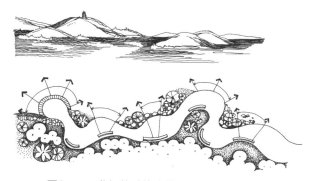

图3-14　曲折的动线安排，良好的视线组织

思考与练习

1. 在景观艺术设计中，如何平衡好功能性和艺术性两者的关系？

2. 如何在景观艺术设计中实现生态的目标和理念，试举例说明。

3. 景观艺术设计的基本工作流程是什么？

4. 景观艺术设计中最易被忽视而又非常重要的难点环节是什么？

第四章
人在景观环境中的行为与感知规律

第一节　环境行为学相关研究成果

环境行为学认为环境会影响人的行为，人接触环境所产生的行为活动亦会影响环境本身并改变环境。

环境行为即人在环境的影响下，所产生的生理、心理反应与行为的变化，包括外显的活动与内在的情感、态度、认知等。

我们经常会看到：人们受主观因素的驱使，萌发了在一定的景观环境中完成一系列行为活动的动机，而这些景观环境最终反作用于行为的主体——人，不仅会促进或抑制这些行为的发生，甚至还会引发许多人们未曾预想的其他行为的发生……研究人在不同景观环境场所中的行为心理和感知规律，了解不同人群不同动机行为发生所需要的相应的"土壤"环境——特定的空间形式、要素布局和形象特征，从而通过景观艺术设计为人们提供最符合其功能需求的合适场所，是每位景观设计师的必修课。

城市开放空间的景观艺术设计大多是为了提供适合人们在工作、学习之余放松心情、减缓压力、增进交流的人性化场所。人们在其中活动时大多处于返璞归真的放松状态，其在不同环境中的反应和行为更多受人类需求本能的驱使。研究表明，人们在城市公共空间中的聚集趋向及其基本行为与相关支持有着强烈的共性特征。

一、马斯洛的需求层次论

美国心理学家亚伯拉罕·马斯洛（Abraham Maslow，1908—1970年）曾对人的需求结构进行了长期研究，并在1943年发表的《人类动机理论》（*A Theory of Human Motivation Psychological Review*）一书中首度提出了需求层次论。

马斯洛将人的基本需求按照从低到高的顺序依次分成如下五个层次：一是生理的需求，即个人生存的基本需求，如吃、喝、住、健康等；二是安全的需求，包括心理上与物质上的安全保障，如远离风霜雨雪等自然灾害和野兽的侵袭，不受盗窃和威胁，预防危险事故，职业有保障等；三是社交和归属感的需求，人是社会的一员，需要通过交往获得友谊、爱和在群体中的归属感，人际交往需要彼此同情互助和赞许，也包括人们对于长期工作和生活所熟悉地区的归属感和依恋；四是尊重的需求，包括要求受到别人的尊重和自己具有的内在自尊心；五是自我实现的需求，指通过自己的努力，实现自己对生活的期望，从而真正感受到生活和工作的意义。

马斯洛的需求层次论认为，人的需求会直接影响他的行为，需求是人类内在的、天生的、下意识的存在，而且是按先后顺序发展的。人的需求按重要性和层次性排成一定的次序，从基本的（如食物和住房）到复杂的（如自我实现），满足了的需求不再是激励因素。当人的较低一级的需求得到满足后，才会追求高一级的需求，如此逐级上升，成为推动人们不断努力的内在动力。

除了以上五种需求外，马斯洛还详细说明了认知和理解的欲望、审美需求在人身上的客观存在，但是他认为，这些需求不能放在基本需求层次之中。

景观场所的创造涉及对人的各项基本需求的关照，尤其是生理的需求、安全的需求以及社交和归属感的需求，在此基础上进而满足人们审美等更高层次的需求。生理的需求要求景观设计的细节和尺度满足人体工学关于生理舒适度的基本要求，选用的材质满足触觉舒适度的基本要求等；安全的需求要求景观场所中供人行走或停留的区域不仅要保证人们物质层面的安全，更要关注人们心理层面的安全感，以确保人们以返璞归真的轻松状态，充分享受闲暇的乐趣；社交和归属感的需求，要求景观场所提供不同尺度和个性特征的交往空间，以便对应不同人群、不同私密等级的交往需求，同时要求强化景观场所的特征，以便景观主体人群形成归属感和自豪感。在满足人们基本需求的基础上，景观艺术设计将充分运用艺术处理的手法，努力营造美的意境，从而满足人们更高层次的审美需求，为人们提供丰富多彩的精神享受。

二、心理学定义的环境感知系统及可供性理论

美国认知心理学家詹姆斯·吉布森（James Jerome Gibson）于20世纪70年代末提出环境可供性理论，该理论旨在剖析人的行为及人与环境间的关系。他曾提到"我们必须要感知环境从而能在环境中行动，我们又必须在环境中行动从而能够感知环境"，揭示了感知和行为的紧密联系以及相互作用。当人们感知到了环境中的可供性，便能据此产生相应的行为，在行为发生的过程中，人们通过看、听、触、嗅、尝等感觉来感知环境的过程，并在过程中发现新的可供性。

几十年来，众多学者针对不同的分类标准，对可供性展开多方面的研究。

1. 基于可供性水平分类得到的环境可供性

可供性水平包括三个层次，依次为被感知的可供性、被使用的可供性和被塑造的可供性。被感知的可供性与人的感觉，尤其是视觉和听觉紧密联系；被使用的可供性表现为人使用某物的能力，特别是发现某具体元素的有益的、实际的用途；被塑造的可供性让人在现有环境的基础之上，为环境或其中的要素塑造新的形象或创造新的事物（图4-1）。

环境中有各种各样的可供性，但并非所有的可供性都会被人们所感知。此外，对于不同的人来说，相同的环境元素可能提供不同水平的可供性。未被感知到的可供性被称为潜在可供性，随着人们对某一环境感知机会的增加，人们就会发现更多的环境可供性。

2. 基于环境元素特征分类得到的可供性

按照环境元素特征分类得到的可供性可以用来说明环境的最多或者最少的功能特性。相关学者的研究将其划分为以下几大类：相对平滑的地面，相对平滑的斜坡、草木和野生生物，可抓取或分离的物体，附属的物体（包括非刚性的附属物体），可攀爬的物体，洞，微气候，可模制的材料（如雪、沙子、泥土等）和水。此外还有社交环境机会即与社交相关的可供性，如环境所提供的人看人的机会。

3. 基于相关联的情感类型得到的可供性

基于人们过往的经验，环境的可供性被分为积

图4-1　被塑造的可供性环境/瑞士苏黎世湖公园

极的可供性和消极的可供性。积极可供性会引发人们的使用意愿，有助于实现期望目标，这与人们偏好的环境元素和积极的情感经验有关；而消极可供性与人们厌恶或恐惧的环境元素以及消极的情感经验相关联，会阻碍人们的使用意愿，甚至促使人们放弃使用环境。

环境可供性理论是对人们身体、心理与环境相互作用的方式及程度加以深度剖析的理论，有助于解读城市环境中的社会生活背后的空间逻辑。

图4-2　布莱恩公园/美国纽约

图4-3　具有边缘效应的空间主要表现为过渡空间/美国波士顿

三、边缘效应理论

一个富有魅力的景观场所，前提必定是一个人气充足的场所。研究表明，人们在场所中的聚集趋向有着强烈的共性特征，了解这些吸引人群逗留的环境共性特征及其心理需求的出发点，对于创造最符合人们功能需求的合适场所无疑有着重要而积极的价值和意义。

心理学家德克·德·琼治（Derk de Jonge）在对荷兰住宅区中人们喜爱的逗留区域进行的一项研究中，提出了边缘效应理论。他指出：森林、海滩、树丛、林中空地等的边缘都是人们喜爱的逗留区域，尤其是开敞空间的边缘更是倍受人们喜欢（图4-2）。在城市公共空间中可以观察到这种情形：人们往往喜欢在一个空间与另一空间的过渡区逗留，因为在那里同时可以看到两个空间的活动情形。这些空间亦为人的多种活动提供了行为支持。

边缘区域在城市景观环境的空间使用上之所以受到青睐，是缘于人们对于安全感和社交的需求。处于森林的边缘或背靠建筑物的立面有助于个人或团体与他人保持距离，有助于人们在自己暴露得不多的同时，又能看清周围的一切，即满足了人们隐蔽观察的需要。这是一种出于安全的心理需求，人们往往在此种情形下才能彻底放松心情，更好地享受闲暇的乐趣。同样，美国建筑理论家克里斯托弗·亚历山大（Christopher Alexandre）在他的《建筑模式语言》一书中，总结了有关公共空间中边缘效应和边界区域的经验："如果边界不复存在，那么空间就决不会富有生气"。各种类型公共空间之间应该设有和缓、流畅的过渡区域，同时，场地分界线不能过于生硬，以

免阻碍与外界的接触。在实际运用中，过渡空间不一定是清晰明确的，柔性边界作为一种既非完全私密、又非完全公共的区域，是很好的过渡空间形式，亦常常能起到承转连接的作用。例如，景观场所中常见的骑楼、敞廊、雨棚、树林边缘的树冠下部空间等灰空间的合理设置，为人的行为提供了多种支持。另外，景观场所中的街灯、树木、柱子等可为人们站立提供依靠物，也为短期逗留行为提供了支持。由此可见，在城市景观环境设计中，有意识地组织具有边缘效应特征的空间是很有必要的，而具有这些特征的空间主要表现为过渡空间（图4-3）。

四、景观环境中人的基本行为及相关支持

景观艺术设计中最核心的工作是对人在空间中的活动和行为需求的把握，物化的景观空间及安排只是围绕人的活动需求所提供的相应的支持。

根据丹麦建筑师扬·盖尔（Jan Gehl）的户外空间理论，人的户外活动可以划分为三种类型：必要性活动、自发性活动和社会性活动。每一种活动类型对于物质环境的要求都大不相同。必要性活动

主要指上班、上学、购物、等人、候车等活动；自发性活动是指人们玩耍、小憩、散步、驻足等活动，这类活动有赖于外部物质条件的支持；社会性活动是指发生在城市公共空间中依赖于他人参与的各类活动，如交谈、打招呼、做游戏等公共活动以及仅以视听来感受他人的被动式接触。

据研究发现，行为支持及物质环境不足时会阻碍甚至扼杀可能发生的活动；相反，充足的行为支持及良好的物质环境设计可以为更广泛活动的产生创造条件。

针对景观艺术设计研究的重点，以下结合自发性活动和社会性活动的特点，分析在城市景观空间中步行环境下场所的相关行为支持。

1. "散步"的行为支持

人对景观空间中散步空间的需求不同于日常的步行要求。散步活动往往和欣赏美景等一系列其他活动结合在一起。步行线路的设计极为重要，倘若散步路程一览无遗，步行活动就会变得索然无味，同时主要步行道的设计应该平缓而适于人的行走，而其他的小径则可采用适当的粗糙质感的路面材料铺装，并适当引入高差的变化。蜿蜒而富于变化的散步道会使步行变得更加富有情趣（图4-4），令人心情愉悦。当主要步行道有高差变化的时候，应同时设置平缓的坡道，以满足通用设计的要求。

散步道通常都比较狭窄，因此可以充分利用边缘效应在其周围安排一定的空间，以强化连续变化空间的尺度对比效果。这样既为人们提供了足够的休息场所，又满足了人们对空间多变的需求（图4-5）。

鉴于边缘效应，在开阔的景观空间周边设置散步道并利用树林、矮墙或骑楼等空间围合物相支持，同样具有很高的应用价值。当人沿其边界散步，既满足了人对安全感的需求，同时又使人拥有了开阔的视野和欣赏开阔空间景观的良好角度（图4-6）。

2. "休憩"的行为支持

人们在选择停留地点时，往往会选择在凹处、转角、入口或者靠近树木、小品之类的可依傍物体的地方，这些地方在小尺度上限定了休息场所，满足了人们对领域感的需求，也为人们较长时间的逗留提供了明显的行为支持（图4-7）。

城市景观空间中的休憩活动常常伴随着晒太阳、看人、吃小吃、阅读、打盹、下棋、交谈等其他活动而进行。这些活动都需要有与之相配合得良好的座椅布局与设计，亦是为"休憩"行为提供支持的基础条件。要改善城市景观空间的质量，最有效的做法就是创造更多、更好的条件，使人们能安坐下来。座位的布局必须在对场地的

图4-4　散步道/深圳

图4-5　散步道边的小空间/成都活水公园

图4-6　开阔空间周边的步道/瑞士巴赛尔

图4-7　人们总选择可依傍物作较长时间的逗留/罗马

功能进行通盘考虑的基础上进行，而不是盲目地增加座椅的数量。常见的影响座椅布局的因子有：边缘效应促使沿场地四周和空间边界的座椅比处在空间当中的座椅更受欢迎；朝向与视野良好对于座位的选择也起着重要的作用；有良好庇荫和通风的座位更受青睐。

除了基本座位以外，台阶、植坛、矮墙等空间中的其他构件在设计时应考虑自身作为隐性座位的作用（图4-8~图4-10）。城市公共空间设计中多个区域的划分，为各种类型的使用人群提供了不同的选择，人们在这里既可以小憩、会友，又可以浏览观光和享受生活。空间边缘的多种可供依靠的柱子、座椅和台阶等，可为许多"休憩"行为提供支持。通常由坡道和台阶组合联系着的两个不同标高平面的区域，会成为最受欢迎的静态活动区域，因为它在满足人们的多功能需求以外，还可作为极佳的观景点，并且坡道和台阶组合本身便会产生有趣的空间效果（图4-11）。

3."观看"的行为支持

城市化造成的拥挤和现代生活中人际关系的日益冷漠，使人们的视野越来越狭窄和局促。基于人类社会性的特征，公共空间中的与人交往、观看他人等活动，成了现代人闲暇之际的迫切需要。因而在城市公共空间中对"观看"行为的支持，亦是设计的重要方面。

居高临下常常会获得良好的视野，因此在景观空间中设置适当的制高点并确保良好的视野和畅通的视线通道是很有必要的。正如剧院中观众席常常被设计成阶梯状，这种形式可以借鉴到城市公共空间的景观设计中来（图4-12）；另外还可利用地形

图4-8　隐性休息座1/马来西亚

图4-9　隐性休息座2/上海苏州河畔

图4-10　隐性休息座3/成都活水公园

图4-11　联系着两个不同标高平面区域的台阶，往往会成　　图4-12　西班牙大台阶利用阶梯状地形居高临下，确保良
　　　　为最受欢迎的静态活动区域/德国科隆　　　　　　　　　　好的视野/意大利罗马

变化使不同类型的空间借助地形变化得以自然分隔，使原本较大的场地变成多个具有人性尺度的空间场所，这样上部的空间自然拥有了居高临下的有利位置，放眼远眺下部的人群和风景时，便可令人获得极大的心理满足（图4-13）。

4．"聆听"的行为支持

长期身处喧哗的闹市之中，人们渴望能更多地倾听自然界的声音，如水流声、鸟鸣声、松涛声、雨打芭蕉声等。特别是水流声，人类与生俱来就有对水的依赖和亲近感，使得水流的声音对缓解人们紧张的情绪有着不可忽视的作用。因此在可能的情况下，景观设计宜设置不同方式的水体，为"聆听"行为提供支持（图4-14）。

重视景观场所中的活动主体，就要有意识地运用行为因素，根据人的需求、行为规律、活动特点等以人为中心进行城市景观环境设计构思，以营造具有活力的城市公共空间。

图4-13　利用起伏的地形居高临下地观望风景，令人获得　　图4-14　聆听水的声音，使身居闹市的人们更亲近自然，
　　　　极大的心理满足/美国纽约中央公园　　　　　　　　　　缓解紧张情绪/中国香港

第二节 景观环境中人的感知规律

人体的环境感知通常被分为五类，景观环境中，人们通过视觉、听觉、嗅觉、触觉、味觉等全方位的感知，综合出对景观环境的整体感受和印象。

美国心理学家詹姆斯·吉布森（James Jerome Gibson）将感知分为以下五个系统：第一，视觉感知系统。视觉是人体对于环境最主要的感知方式，主要受光和影的影响。第二，听觉感知系统。听觉将人对空间的体验和理解连贯起来。不同的音效会使人对环境产生或愉快或憎恶的情绪，进而选择或使用、逗留或快速离开；声音可以测量空间，进而使人理解空间的尺度。第三，嗅觉－味觉感知系统。每个地区都有其独特的味道，环境中特殊的气味通过鼻子和舌头传递给人的大脑，引发大脑的兴奋，进而促使眼睛调动视觉感知系统对该环境加以特别的关注，从而强化人们对于整体环境的记忆。第四，触觉感知系统。触觉感知系统可感知重量、肌理、密度、温度以及三维物体的形状。第五，方位感知系统。明确方向及个人在环境中所处的位置，也依赖于视觉、听觉等其他感知系统的综合判断。

关于景观环境感知系统，也有一些其他观点。如高亦兰等学者认为，人对环境的体验可通过三种感知方式（层次）获得，一是对形体环境的直观体验——视觉感知，二是在环境中运动的体验——时空感知，三是由对环境的体验而产生的推理和联想——逻辑感知。在对环境的感知中，三种方式互相交织，相辅相成。笔者以为，此种分类方式的缺憾在于视觉感知虽然重要，但未能包含其他感官的感知体验。

探寻人在环境中的感知规律，是景观艺术设计的必经之路，下文将具体从尺度、速度、视距、视角、形态、轴线、色彩、材质等诸方面分析景观环境中人的感知规律。

一、尺度与感知层次

人的视觉和听觉感知，占人类感官摄取信息量的90%，而五感所能感知到的环境中的事物是有限的，包括人在不借助外部工具帮助的前提下，其行为能力（如持续步行距离等）也是有限的。

尺度与物体的具体尺寸和比例紧密相关。比例是物体各部分对比要素数量的比照关系，景观场所中各要素间保有良好的比例关系能给人以赏心悦目的视觉感受，但它不涉及对比要素的真实尺寸；而尺度则是以人为标尺，是人与物体尺寸的对比关系，是人们对具体真实尺寸的感知，人们通过以人的身高和活动所需要的空间为视觉感知的量度标准来平衡整个设计中各要素的关系。

尺度概念的引入，体现了对景观场所中的活动主体——人的感受的充分关照。所谓尺度"偏大""偏小"或"适宜"，是针对具有一定限定的景观空间中的物体而言的。景观场所是三维的，人们观察周围景物的大小总是基于一定的距离，而透视现象使同一景物在人眼中的影像随着观察者与之距离的逐渐拉大，而逐步变小。景物在人的视觉感知中遵循近大远小的映射规律，同一尺寸的物体在由逼近观察者而逐步远离观察者的运动过程中，可以使人先后体验压抑、亲切、疏远和几乎没有感觉的过程，而通常景观空间都是具有一定尺寸限定的空间单位，设计师往往依据设计立意所预先构想的空间氛围来提供相应尺度的空间围合物以及主要景物，以建立良好的尺度感，营造合宜的景观空间

（图4-15～图4-17）。

景观空间中，当周边的景物高度（*H*）高于人的视平线时，会对人们所感知的空间形成一定的围合，这种围合所营造的空间氛围与空间的平面直径（*D*）与周边的景物高度（*H*）的比值有关。当 $D/H \leq 3$ 时，随着比值的逐渐缩小，空间会使人感觉趋于闭塞，乃至产生压抑感；当 $3 \leq D/H \leq 6$ 时，会使人感觉景物亲切，观赏值高；当 $D/H \geq 6$ 时，随着比值的逐渐增大，会使人产生空旷、疏远之感。在景观艺术设计中，应合理安排景物的尺度，以创造出理想的构思氛围。

研究表明，人类的嗅觉感知极限在2～3米；听觉感知，在7米以内是灵敏的，超出这个范围就难以正常对话，而35米则是演讲活动的极限距离。此外，结合人类最为重要的视觉感知研究成果，刘滨谊提出了景观规划设计的三个基本尺寸，分别对应景观的空间、场所和领域三个层次。

① 20～25m：20～25m见方的空间，人们感觉比较亲切，可以比较自由的交流。超出这一范围，人们便很难辨认出对方的面部表情和声音。这是创造景观空间感的尺度。

② 110m：通过对大量欧洲中世纪广场尺寸和视觉测试调研发现，距离一旦超过110m，肉眼就认不出是谁了，只能辨认大致的动作，这就是我们所说的广场的尺寸，即超过110m后才能产生广阔的感觉。这是形成景观场所感的尺度。

③ 390m：如果要创造很深远很宏伟的感觉，可以使用390m这个尺寸，超过这一尺寸，即便是1.5的视力也看不清东西了。这是形成景观领域感的尺度。

此外，还有一系列人的相关生理参数，如：人的最大步行距离为400～500m；0.45～1.3m为个人距离或私交距离；3～3.75m为社交距离，指同事、朋友、邻居间一般性的交谈距离；3.75～8m为公共距离；大于30m为隔绝距离等。

二、速度与时间

景观环境中除了五感外，极大影响着人对环境的综合感受的便是运动的速度和逗留的时间。同样的景物，匆匆路过看它一眼，和坐下来看它一个小

图4-15　尺度亲切的空间/北京香山饭店

图4-16　尺度压抑的空间/扬州个园

图4-17　尺度疏远的空间/无锡某城市广场

时，感受是完全不同的；步行、骑着自行车与开着汽车经过同样的景观环境，对其感受和印象也是截然不同的。有限的场地和景物通过动线设置、空间布局和景物谋划，使活动的人放慢运动的速度，增加逗留的时间，可以极大地丰富游客的环境综合感受。表面上，景观环境中人的行为是自主的，实际上景观设计师可以通过多样化的设计手段，潜移默化地影响、引导身处其中的人的行为和状态。这就是中国传统园林中，小中见大的艺术效果的最大秘诀所在。

三、视距、视角与感知

空间中每个景物都存在一个最佳的观赏面和观赏角度，景观设计应把握合理的赏景视距和视角，以取得最佳的视觉效果。

按照人眼的正常结构，在头部不转动的前提下，视域的垂直明视角为26°~30°，水平明视角为45°，超出此范围就要转动头部或眼珠以扩大视域。研究表明，同一景物因观赏视距和视角的不同，而传递给人不同的信息和感受：当仰视角为45°，即观赏视距为一倍景物高度时，只能看清景物的局部，但对景物的细部观察得较清晰；当仰视角为27°，即观赏视距为两倍景物高度时，基本能看清景物的整体；当仰视角为18°，即观赏视距为3倍景物高度时，可以看清景物的全貌及其与周围环境的关系。因此，在具体设计中，如果要着力展现某一重要景物及其在环境中的位置、整体及细部，则应分别在该景物高度的1、2、3倍距离处设置供人们逗留的空间，也可考虑从不同的平面角度去欣赏景物而布置视点，以收到步移景异的艺术效果（图4-18）。

景观场所中因视点与观赏景物间相对标高位置的变化，造成垂直视角的不同，可

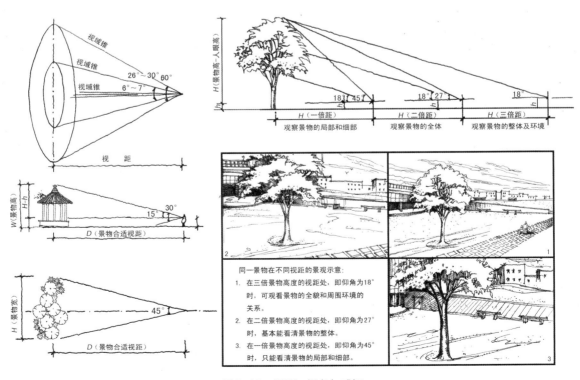

图4-18 视距、视角与感知

以归纳为平视观赏、仰视观赏和俯视观赏三大类，它们会传递给人们不同的心理感受。平视观赏，视线水平向前展望，一般使人产生平静、深远、安宁的感受，不易产生疲劳感，同时水平远眺常常传递给人可望而不可即的感受（图4-19、图4-20）；俯视观赏，即景物均位于视点的下方，使人们居高临下地看到平时不常见的事物全貌，产生远大开阔、心旷神怡及新鲜的感受（图4-21），随着视点提高和俯视角的加大，下部的景物会因透视而产生变形，令人产生惊险刺激感（图4-22），一般俯视角＜45°、＜30°、＜10°时，则分别产生凌空感、纵深感、深远感，俯视观赏的空间垂直深度感特别强烈；仰视观赏，当视点位于景物的下方或由于景物高大而视点又十分逼近的时候，人们需要通过仰视才能看清它，此时景物高度的感染力特别强，令人感受到雄伟、庄严而紧张的气氛，一般视景仰角分别＞45°、＞60°、＞90°时，可产生高大感、宏伟感、崇高感和威严感，乃至下压的危机感。景观艺术设计中，为了强调主景形象的高大，常常会将视点安排在离主景高度1倍的距离内，而没有后退的余地。利用仰视观赏所产生的错觉使主景显得比实际高大，这是一种应用广泛的、既经济又艺术的处理手法（图4-23）。

图4-19　平视观赏/北京香山饭店景观

图4-20　平视观赏/美国华盛顿纪念碑

图4-21　俯视观赏/泰国某旅游景观

图4-22　随俯视角不断加大，俯视观赏令人产生惊险感/无锡某住区绿地

图4-23 仰视观赏/意大利威尼斯钟楼

四、形态与感知

景观艺术设计中，形态是指由点、线、面等要素构成的景观空间及景物（或设施）实体的二维或三维的外轮廓（线）形状和情态。它不光是单一的物质表象，更包含有能使人们为之动容的意蕴和情状。景观形态通过一定的可感知材质要素构成富有情趣的形状，把握人们在外部公共空间活动中对于景观形态的感知规律，从而创造人性化的艺术空间，使人产生愉悦和美感。

相比较而言，景观空间的形态直接左右着景观场所中人的感受，是景观艺术设计中形态研究的重点，而鉴于景观空间主要为外部开放空间的特征，其景观空间二维平面形态的规划又占据了举足轻重的地位。通常设计师在确定了一系列二维平面形态的有机组合基础上，再配以符合设计主题及空间氛围的具有一定尺度、形态、色彩、材质的垂直要素及局部顶面的处理，从而完成景观空间形态的营造工作。

景观形态从形式上可分为几何形态和自然形态两大类。几何形态是指由一系列直线、规则曲线等组合构成的二维或三维形态。几何形态又有规则形和不规则形之分。规则几何形是指正方形、三角形、圆形、六边形、三角锥、圆锥、圆柱体、球体等具有对称规律的二维或三维形态及其组合形态；不规则几何形相对于规则几何形态来说则呈现出不对称的特性，展现了更多的组合自由度。几何形态向人们传递了力量、坚定、强硬、紧张、明确、导向、简明、直接、男性化等信息（图4-24、

图4-25），其中规则形还给人以权力、控制、庄严、崇高、古典、稳定、可预知等感受，而不规则形常给人以现代、超常、失衡、惊异等感受。地球上大多数自然景观都呈现出非几何形态，即由不规则曲线组合而成且呈现不对称的二维或三维形态，我们称之为自然形态。自然形态在景观场所中给人以平和、散漫、松弛、流动、欢快、自然、变幻莫测、神秘、包容、母性等感受（图4-26、图4-27）。

图4-24 几何平面形态景观1/新加坡

图4-25 几何平面形态景观2/苏州中航樾园

图4-26 自然形态景观/马来西亚

图4-27 自然形态景观平面图

五、轴线与感知

在景观设计中，一系列的景观要素集聚在某一线性要素两侧，从而形成强烈的线性空间，使多种景物呈现有组织的、序列化的变化，该线性要素被称之为景观轴线。景观轴线具有非常正式的形式感，通常会和对称手法一同运用，显示出权力、等级、威严等，从而使景观场所各要素产生紧密、服从和向心感（图4-28）；景观轴线的端头都设有对景作为视觉焦点，轴线本身可以是有形的（如林荫大道等），也可以是隐形的（如视线通道等）；景观场所中轴线连接着一系列最重要的景物，起到强烈的视觉引导作用，它引领人们按照设计师的预想

逐一体验美妙的时空；从古典主义的角度来说，轴线都是直线的，其组合方式或平行或正交，使人感觉自身的渺小和谦卑感，而从现代景观的广义包容性来说，规则的曲线形轴线组织方式也屡见不鲜，它的引入既使大规模的景观空间组织有序、整体感强，又保证了空间的多样性、尊重了人们在景观空间中主人翁的感觉（图4-29）。

并非所有景观场所都要引入轴线。对于一些小规模的、以休闲娱乐功能为主的城市开放空间，就没有必要设置景观轴；而对于那些带有纪念性的或政治色彩的城市开放性集会空间，以及大规模的景观区域中的部分公共建筑周边区域的景观设计中，景观轴线的引入无疑是行之有效的策略。

图4-28 卡塞特皇宫/意大利

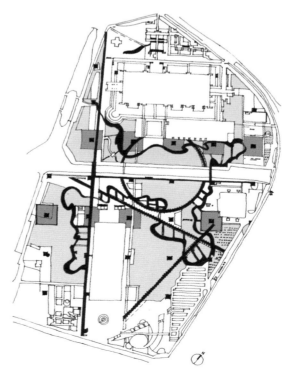

图4-29 拉·维莱特公园平面图/法国巴黎

六、材质与感知

景观艺术设计中，景物材质的选用对于空间氛围的营造以及游人的参与程度有着重要的影响，尺度、形态、色彩等带给人们对于景观环境的总体印象和感受，而材质往往才是最终触动人内心深处的要素。材质因其组成的化学成分和物理特性的不同，而给人以不同的视觉和触觉感受，继而引发人们不同的情感。材质有原始和人造之分，有坚硬和温软之分，有粗糙和光滑之分，有流动和固态之分，它们同色彩一样是带有感情倾向的设计要素，对人们的心理和行为有着暗示作用（图4-30~图4-33）。具体详见表4-1。

表4-1 材质对人的心理暗示

材质属性	实 例	情感倾向暗示	景观参与性暗示
原始	泥土、原木、自然水体	纯朴、亲切、放松、感性、理解	极易亲近
人造	塑料、玻璃、不锈钢	理性、严谨、异类、距离感	不易亲近
坚硬	钢、花岗岩	冷漠、强硬、直接、男性、攻击	不易亲近
温软	花草、叶、木、水、泥土	亲切、温暖、柔性、女性、包容	极易亲近
粗糙	砂石、毛石、粗糙有裂纹的树皮	原始、野性、自由、男性、攻击	较易亲近
光滑	磨光花岗岩、有机玻璃、不锈钢、玻璃、塑料	严谨、机械、理性、矜持、清洁、女性、距离感	不易亲近
流动	泉、河、溪、涧、香气	散漫、活泼、自由、欢乐	极易亲近

图4-30 原始的材料和植被构成的环境令人感到纯朴和亲切/南昌红土公园

图4-31 原木和植被构成的环境空间令人感到亲切和放松/美国纽约高线公园

图4-32 人流较多处利用较为冷漠的材质做休息座可限制人们停留的时间/瑞士

图4-33 磨光花岗岩及平静的水面显示出理性的矜持感/新加坡

七、色彩与感知

景观世界是个色彩缤纷的世界，色彩往往先声夺人，作用于人的感官并直接引发各种情感和反应，如：色彩调和，能使人赏心悦目、心旷神怡；色彩过于繁杂，会令人心烦意乱、容易疲劳；色彩过于单一，又令人游兴索然；暖色，使环境气氛活跃；冷色，令环境气氛宁静……因此，从某种意义上来说，景观艺术也是色彩的艺术，其人为参与性使它有别于其他平面色彩视觉艺术，所以在把握色彩感知的普遍规律的同时，更应重视色彩在景观艺术中所表现出的一些特殊规律（有关色彩学的基础知识本节不作展开叙述）。

景观艺术中，空间色彩的构图应把握两条基本原则：首先，要考虑游客的心理需求，有针对性地选择相应的构景要素的天然色彩和人工色彩，创造所需的环境氛围；其次，景观空间应把握色彩的整体性，以创造特色鲜明的景观空间，这就需要确定色彩构图的基调、主调、配调和重点色。景观艺术中基调通常是由自然所决定，天空是蓝色基调、地面以绿色植被为基调，重要的是选择空间的主色调和衬托它的配合色调以及作为主景物的重点色。

人对于各种景物色彩的感知依赖于光的照射，没有光就没有色彩。景物的色彩有固有色和条件色之分，固有色是指在漫射光照射下景物所呈现的色彩，而条件色是指具有某一固定色的景物受环境色和光源色的影响所呈现出的色彩。由于受环境色和光源色的影响，同一景物在逆光、顺光和侧光条件下，呈现的色彩是不同的，所表达的景观的感情效应也是不同的。逆光往往使景物轮廓分明，呈现强烈的剪影效果；映红半边天的夕阳晚霞则为大地万物披上绚丽的霞光，使所有景物都笼罩在朦胧和谐的玫瑰色调中（图4-34）。熟悉光对景物色彩的影响规律，就可以利用自然界中千变万化的物象色彩为景观增添魅力。

景观艺术是空间的艺术，由于空气透视和色消视规律，景物的色彩饱和度和明度随距离的增加而降低，最后与天空一色（图4-35），因此，晴天远山会和蓝天一样呈蓝色，阴雨天远山会呈灰色。这也是所有色系中唯蓝灰色系特别易于产生空间感和距离感的原因。因此，景观艺术欲强调空间层次和深度感，可有意识地通过调节景物色彩的明度和饱和度，尤其是植物色彩的明度和饱和度加以实现。

所有构成景观的物质要素如水体、天空、岩石、植物、建构筑物乃至动物都具有色彩，其中天空色彩是完全不受人的意志所左右而又瞬息多变的，如晨晖、晚霞、晨雾、月光、蓝天白云、乌云蔽日等各具特色，带给大地万物变幻莫测的环境基调。水体、岩石、植物等要素的天然色彩在一定程度上可以被人工利用或改造。

① 岩石：岩石种类很多，许多裸岩具有特殊的色彩和形状，可形成特殊的有较高观赏价值的地域景观。岩石的色彩丰富，有土红色、褐红色、棕红色、肉红色、棕黄色、灰白色、黑色、青灰色等，由于都是复色，与景观基调绿色相配合既醒目又易协调。

② 水体：水是景观艺术中的重要物质要素，似千面女郎、以多种形式活跃于各种景观场所。水本身无色，但因水体面积大小和深浅的变化、水体自身运动状态的差异以及不同光源色和环境色的影响，呈现出丰富多彩的色彩和倒影。如蓝色的大海、绿色的漓

图4-34 夕阳晚霞映照下的海景

图4-35 远处景物与天空一色/漓江

江、五彩的九寨沟五花海、黄色的黄河、白色的喷泉和飞瀑、透明的清泉等（图4-36、图4-37）。

③ 植物：植物是景观艺术中既稳定又活跃的色彩因子。植物一经种植，其位置是固定的，因此具有相对稳定性（尤其是常绿植物），但植物尤其是落叶植物具有丰富的季相变化，使其形态、色彩呈现出四季更替的活跃变化——萌芽、展叶、开花、红叶、落叶、结果，不起眼的小树苗长成参天浓荫……因此，对于植物的色彩应把握其季相规律，进行合理的动态配植，做到一季突出，四季有景。

除了上述景观要素外，其余要素诸如建构筑物、道路、广场、小品、雕塑和公共设施等色彩均属人工色彩。这类要素在景观空间中所占比重不大，但色彩持久稳定，具有举足轻重的作用，其中一部分作为景观空间的主景，其色相处理应与环境色取得对比且保持较高的明度和饱和度，起到画龙点睛的作用（图4-38），其余部分则作为配景色或中性色处理。

景观空间的色彩表现是由天然的、人为的、有生命的和无生命的众多因子构成的。英国皇家园艺学会曾对植物色彩做过统计和分类研究，仅园林植物的色彩就有808种之多，而其中作为景观基调色的绿色系就有135种类似色。通常景观空间欲取得色彩的协调应遵循以下几条配色规律：

① 采用单色处理或类似色处理。纯净的单色处理适用于盛大的花坛和花带，盛花时节极为壮观（图4-39）；类似色处理易形成宁静的景观气氛。

② 采用对比色处理。两组互为补色的景物相组合称为对比色组合，可使彼此的色彩感情更加强烈，但双方在规模上一定要有主次之分，方能产生和谐的美感（图4-40）。对比色的选用在景观艺术中不常用，较多的是采用邻补色对比，这样更易取得和谐生动的景观效果。

③ 采用调和色处理。在自然景观中常常会看见黄花与绿叶在绿野青天下的和谐景象，黄、绿、青三色即为调和色，三者的搭配极易达到和谐，此外调和色还有红、洋红、黄、金黄、金红，紫红、浅紫红等，都是色相相邻近的色彩，它们的配合既生

图4-36　湛蓝的大海

图4-37　澳大利亚国家海洋公园的裸岩形成一道亮丽的地域风景/墨尔本

图4-38　水文化生态园/长春

图4-39　单色花带/无锡拈花湾

动又和谐、雅致（图4-41）。

④ 色彩渐变。色彩渐变是指同一色相明暗深浅的逐渐变化，或由一种色相向另一种色相逐渐地转变，甚至变成原色相的补色。景观环境中同一色相明暗深浅的渐变给人以宁静柔和之美，而由一种色相逐渐转变为另一种色相甚至变成原色相补色的渐变则既生动又调和。景观花坛的种植或景观空间的色彩转换常利用植物的渐变来组织。

⑤ 中性色的运用。黑、白、灰以及金属的金、银、铜色均是景观艺术中时常运用的中性色，尤其白色更是在植物色彩中得到大量的运用，起到调节色彩明度的作用，而金色常作为建筑物的点缀和装饰，黑色、银色、铜色是现代雕塑的最爱（图4-42、图4-43），灰色则是道路、广场的铺装材料——混凝土的本色。

色彩有许多属性，可产生物理上或视觉上的感受，或是情绪上的感染力。通常红橙黄范围内的色彩显得温暖而突出，被称为暖色系和前进色；而蓝绿范围内的色彩显得寒冷而退缩，被称为冷色系和退却色。此外，不同的色彩因不同的地域、气候、文化背景、种族等差异又有着不同的含义和象征，在设计时不能一概而论。

思考与练习

1. 举例说明马斯洛的需求层次论在景观环境中的具体表现。

2. 在景观环境中，人的基本行为有哪些？在景观设计中，如何为人的相关行为提供支持？

3. 人对环境的感知主要来自于视觉，视觉感知主要涉及空间和景物的哪些方面？

4. 举例说明在景观艺术设计中如何合理地处理好尺度关系。

5. 举例说明游人的速度与时间对于景观艺术设计的意义。

6. 人对环境的感知主要来自于视觉，在设计中如何处理好人的其他感官需求？

图4-40 对比色/无锡锡惠公园

图4-41 调和色/浙江安吉

图4-42 千禧公园云门/美国芝加哥

图4-43 中性色雕塑/新加坡圣淘沙岛

第五章
形式美的基本规律

世间万物从来都不是孤立的，相互间存在着千丝万缕的关联，也即关系，但这些关系的展现给人的感觉并不都是美好的，只有当事物间的关系达到和谐时，才能产生赏心悦目的美感。景观艺术设计就是要协调众多形象各异的景物间关系，通过剪裁组合，使其相互和谐，共同构成令人产生美感、放适情怀、减缓压力、调整心情的理想憩居场所。如何组织众多的景观设计要素创造和谐、优美的景观空间，就需要掌握形式美的基本规律。

第一节　多样统一

多样性与统一性的对立统一（简称多样统一）是形式美最为基本的规律。大千世界，气象万千，美丽的景物千姿百态，以各种不同的形式（源于不同的种族、宗教、文化、审美、气候、地理环境等）叩动人们的审美情结，带给人们心灵的感动和庇护。透过这些千差万别的丰富表象，我们可以看到一切美好景观都具有一个共同的特征——统一性规律，即任何优秀景观都不可能是一盘散沙，而是具有明显的整体性特征，因此能给人以深刻的印象和强烈的震撼力。统一意味着局部与局部及局部与整体间的和谐的关系。景观设计的统一性强调景观各要素的整合性、一致性，然而一味强调统一性，又会使景观陷于单调和呆板，因此，一个优秀的景观设计在具备统一性的同时，离不开景物的多样性。多样意味着差异，差异又意味着存在变化，因此多样可以同变化等同，多样统一又可称之为变化统一。没有事物的多样变化，统一也就失去了存在的意义，多样统一规律反映了景观设计总体布局中各个变化着的要素间的相互关系：统一是指整体意义的协调与和谐一致，多样是指局部的变化，是在整体统一的前提下各部分要素有序的变化（图5-1、图5-2）。失去了多样性的统一，会使景物单一、缺乏表情和艺术感染力；脱离了统一性的多样又会使景物杂乱无章、缺乏特色。多样统一是一切优良景观均具备的属性和境界。

图5-1　多样统一的景色/南京仁恒江湾城住宅绿地

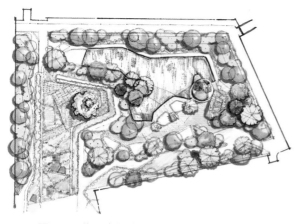

图5-2　体现多样统一规律的景观布局平面图

图5-3　维格兰雕塑公园以生命为主题，特色鲜明，给游客留下深刻印象/挪威奥斯陆

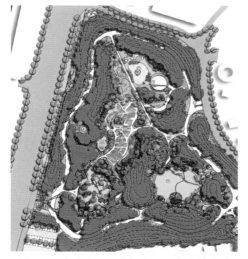

图5-4　在众多景观空间中，要有主从之分

第二节　强调

　　强调是实现景观多样统一的必由途径。强调包含着两层含义，首先是强调具体某一景观设计的立意，明确设计主题，其次是对待景观各部分要素要有主次之分，突出重点，不能平均对待。要实现景观的多样统一，设计主题的明确和强调十分重要，它如同一根隐形的指挥棒，起到统领全局的作用，各景区和各景观要素在其引领之下，通过多样化的形式和多种表现方式，共同表现和强化了同一个主题，使游人在游览的同时，通过多样化的渠道，感悟到景观设计的整体立意，留下深刻的印象（图5-3）。景观设计仅有统一明确的主题，而各部分平分秋色，会令游人产生冗长疲倦之感，也是景观设计的大忌，因此，在设计中，一定要强调重点，讲求主次之分、主从协调，才能确保游人的情绪在有张有弛的节律中得到放松和享受，同时丰富多变的重重悬念能鼓起游人继续游览的浓厚兴致。

　　景观设计中强调主次之分也有两个层面，首先是各景区的设计和划分一定要有重点。在众多景观空间中，总有一个空间在体量上或高度上占据主导地位，而其他的则处于从属地位，该景观空间便是景观序列中的高潮部分和整个区域的精华所在（图5-4）；其次，在每个景观空间中，一定会有主景和次景之分，被强调的主景是整个空间的构图中心和视觉焦点，其余景物都处于从属地位，起到烘托和陪衬作用。主次配合，相得益彰，强化了景观空间的整体性和艺术感染力（图5-5）。总之，强调之于景观如同文章中的惊叹号，使平淡趋于生动和精彩；强调之于景观如同黑夜中大海上的航标灯，使不同航船有了共同前行的方向。强调是优美景观诞生的必要途径。

第三节　相似与对比

　　景观设计的构成要素通过量、方向、形态、色彩、质感等方面的差异来区分景物的个性化，从而产生强烈的环境情感。景观构成中景物间的比较总是存在着差异的大小，当差异较小时，其共性大于差异性，景物间呈现出和谐一致的统一氛围，两者关系即为相似关系；反之，当差异较大时，其差异性大于共性，景物关系趋于对立，两者关系即为对比关系。相似与对比其实是景物间微小的差异由量变的积累达到质变的不同程度的变化结果（图5-6）。

一、相似

景观设计中相似手法的运用易于达到整体的统一，尤其是长于表现含蓄、优雅、静谧的空间氛围。该手法在景观空间中的运用主要通过景观要素中的水体、建筑、岩石、植物等风格和色调的一致而获得，尤其在园林景观中，景观要素以植物为主体，基于植物的绿色基调，其共性多于差异性，更易获得和谐、统一的环境效果（图5-7、图5-8）。

二、对比

对比手法是实现景观设计多样性的重要途径，正是有了对比，才使世界变得丰富而精彩。景观设计中对比手法的运用，最终还是要利用相互对立的两个景物的比较，才能达到相辅相成、相得益彰的艺术效果，实现最终的多样统一。对比在景观设计中的运用可谓是俯拾皆是，错综复杂，综合归纳来看有以下10类：

1. 量的对比

量的对比包括多少、大小、长短、宽窄、厚薄等的对比。景观设计中常常可以看到体量大小的对比，一般来说体量不同但比例相同的景物，较易达到和谐。体量的大小是相对的，同样大小的景物在不同大小的空间中，给人的感觉是不同的，这正是传统园林设计中常用的因对比而产生的"以小见大"的道理（图5-9）。

2. 形态的对比

形态的对比包括直线与曲线的对比、方形与圆形的对比、钝角与锐角的对比等。

3. 方向的对比

方向的对比包括水平与垂直、左与右、纵与横等对比。常见的有山体与水面形成的水平与垂直方向的对比，规则式园林中主、副轴线形成的纵与横

图5-5 主次配合，强化了景观空间的整体性和艺术感染力/长春

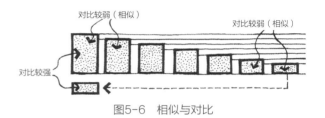

图5-6 相似与对比

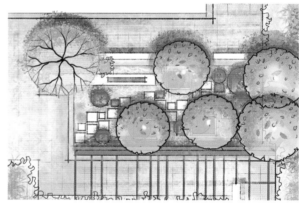

图5-7 由相似的元素组合达到统一

图5-8 景观要素的风格和色调的相似与一致长于表现优雅、静谧的空间氛围/中国香港

的方向对比等。

4. 空间开合收放的对比

此种手法通过前后空间大小的对比，使小空间更显幽深寂静，大空间更加开阔明朗，使游人情绪时而沉静，时而兴奋、高亢，使景观空间更添无穷魅力。

5. 虚实对比

虚实对比包括形与影的对比、山与水的对比、建筑与庭园的对比、墙与门窗的对比等。景观设计中由于虚实的对比，使景物坚实而有力量、空灵而又生动，民间常言的"水中月、镜中花"便是虚实对比的生动写照。景观设计中以"实中有虚，虚中有实，虚实相生"为虚实对比手法的最高境界（图5-10）。

6. 明暗对比

由于光线强弱的变化造成了景观空间明暗的对比。通常明暗对比强烈的空间，景物易使人产生兴奋感，明暗对比弱的空间，景物使人沉静；从明处观看暗处，景物显得幽深，从暗处观察明处，景物更显灿烂和瑰丽（图5-11）。明暗对比手法与空间开合收放对比手法时常结伴运用。

7. 质感的对比

景观设计中可利用建筑、水体、道路、植物、山石等不同材料的质感，形成对比，造成或轻巧，或活泼，或雄浑，或庄严的艺术效果。质感的对比包括粗糙与光滑、厚实与透明、柔软与坚硬等（图5-12）。

8. 疏密对比

疏密对比是指景观要素在空间中分布密度的大小对比，包括树木的间距、林缘线的变化等。疏密对比使景观空间增添了节奏和韵律感。

9. 色彩对比

如前所述，色彩是景观场所最先进入游人眼帘的景观要素，是烘托和调节景观氛围最为直接而有效的元素。不同的色系具有不同的情感渲染力，调和相似的色彩带给人美好、安宁的环境气氛，而色彩的对比能使景物更加生动、突出，令人情绪兴奋。

10. 动静对比

动静对比是景观设计中更高层次的对比手法，它调动了人们视觉、听觉等更多方面的感官，在中国古典园林设计中被大量用于景观意境的营造。众多千古佳句如："树欲静而风不止""蝉噪林欲静，

图5-9 体量的大小是相对的，在尺度较小的日本园林中，小型乔木已显得很高大/日本金阁寺

图5-10 平静的水面及倒影与色彩、形态丰富的建筑、植被和石组形成虚实对比的生动景象/苏州网师园

图5-11 暗处观察明处，景物更显灿烂而瑰丽/美国波士顿

图5-12 水、石、植物形成粗糙与光滑、柔软与坚硬、活泼与沉稳以及动与静等多层次的对比/无锡锡惠公园

鸟鸣山更幽"等均是对动静对比所产生的艺术效果的绝佳写照。

相似与对比在景观设计中缺一不可，反映了多样统一的要求。其运用的关键是要把握两者量的关系。相似景物应占据景观构图中的较大比重，而对比是指与大量相似景物的对比，通常用以突出主要的景物，因此所占比重一定要小，这样方能收到众星捧月、重点突出、和谐统一的艺术效果（图5-13）。

图5-13　比重较少的主景与大量相似景物的对比能获得众星捧月、和谐统一的艺术效果/瑞典卡尔斯塔

第四节　韵律与节奏

在景观艺术中，韵律与节奏本身就是一种变化，是连续景观达到多样统一的必要手段。韵律是由景观构图中某些要素有规律地连续重复或变化而产生的。节奏是伴随着重复而产生的，景观艺术中节奏的快慢标志着要素重复的间隔大小的规律。构成韵律的重复可繁可简，简单的重复单纯而平稳；多层次、复杂的重复中包含着多种节奏的相互交织，构图丰富而充满起伏和动感。韵律可分为简单韵律、交错韵律和渐变韵律。

一、简单韵律

简单韵律是指由一种要素按一种或几种节奏方式重复而产生的连续构图。简单韵律使用过多易使气氛单调乏味，因此仅适合小规模的景观连续构图或用于变化丰富的景观构图环境中（图5-14）。

二、交错韵律

交错韵律是由两种以上要素按一种或几种节奏方式重复交织、穿插而产生的连续构图。它可调节气氛，使环境充满轻松与和谐、生动之感。高速公路两旁的种植设计常采用这样的手法，以避免驾驶员产生视觉疲劳（图5-15）。

三、渐变韵律

渐变韵律是由连续重复的要素按一定规律有秩

序地变化形成的连续构图。渐变韵律有时也包含着对立的两个因素由相似到对比的逐步转化，景观艺术中常常使用这样的手法将相互对比的两个景物统一于同一景观构图之中，以取得和谐的艺术

图5-14　简单韵律/泰国大皇宫

图5-15　交错韵律/泰国东芭乐园

效果。同时，渐变韵律还被大量运用于景观空间之间的相互过渡和转换，使景物间更易达成协调统一（图5-16）。

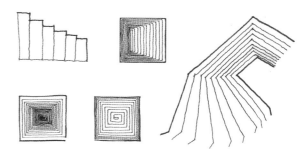

图5-16　渐变韵律

第五节　均衡

均衡是视觉艺术的特性之一，与物理学中的力学平衡原理相类似，是局部与局部或局部与整体之间所取得的视觉力的平衡，是达到景观艺术多样统一的必要条件。均衡的景观给人以心旷神怡、愉快安宁的感受，而不均衡的景物会带给人烦躁不安的不安全感，因此均衡能促成安定，防止不安和混乱，增添景观的统一和魅力。均衡有对称和不对称两种，对称均衡是简单的、静态的均衡；不对称均衡则随着构成要素的增多而变得复杂而具有动态感。

一、对称均衡

对称均衡又包含轴对称、中心对称和旋转对称三种形式，其中轴对称是应用最广的一种形式，指景物在轴线两边作对称的布置。对称均衡易于产生整齐、理性、庄严和稳定的秩序感，通常用于陪衬主景。

二、不对称均衡

不对称均衡没有明显的对称轴和对称中心，但具有相对稳定的构图重心。自然界中绝大多数景物是以不对称均衡的形式存在的，其获取均衡的方式与力学上的杠杆平衡原理相类似。正如"小小秤砣压千斤"的原理一样，景观艺术构图中，使重量感大的景物靠近构图重心，而将重量感小的景物远离构图重心，便可取得均衡的视觉效果。中国园林中假山的堆叠及山石盆景的布置，都是不对称均衡的范例。在景观艺术中不对称均衡的美学价值大大超过了对称均衡的美学价值，大至景观总体布局，小至微型盆景，均可采用不对称均衡，它给人轻松活泼的美感，充满动势，因此又被称作动态均衡（图5-17）。

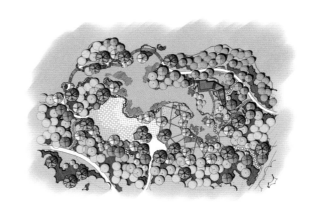

图5-17　不对称均衡

第六节　比例与尺度

比例是物体各部分对比要素数量的比照关系，景观场所中各要素间保持良好的比例关系能给人以赏心悦目的视觉感受。良好的比例关系可以通过多种渠道获得，借鉴前人的经验也是十分有效的途径，千百年来世界各国的人们通过长期的审美实践，积累了许多宝贵经验，如著名的黄金分割定律

（分割线段使分割点两侧较短线段与较长线段的比值及较长线段与原线段的比值均为0.618，这两个线段的关系及较长线段与原线段的关系即为黄金比例，图5-18）、斐波纳契数列比（1，1，2，3，5，8，13等）、等差数列比、等比数列等。当然，良好的比例体现在景观艺术中，既有景物自身各部分之间的

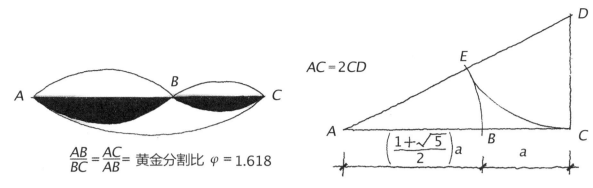

$$\frac{AB}{BC} = \frac{AC}{AB} = 黄金分割比 \quad \varphi = 1.618$$

图5-18　黄金分割比及其作图法

比例关系，也有景物之间、个体与整体之间的比例关系，这些关系属于人们感觉和经验上的审美概念，很难用精确的数字来计量。"三分法则"便是由黄金分割定律衍生出来的行之有效的比例控制法则，它在调节要素体积或面积的比例时将其分成1/3和2/3两部分来处理，以取得良好、和谐的视觉效果。

　　尺度与物体的具体尺寸和比例紧密相关。它是以人为标尺，是人与物体尺寸的对比关系（具体内容详见第四章）。

思考与练习

1. 怎样理解多样统一规律中"多样"和"统一"的关系？举例说明。

2. 如何把握景观环境的整体与局部、统一性与多样性间的度？

3. "少"和"多"都有存在的合理性。举例说明在景观设计中，在选择形式时如何平衡好"少"和"多"的关系。

4. 景观设计过程中如何运用"强调"的设计手法？举例说明。

5. 对比作为一种重要的设计手法，它包括了哪些具体的处理方式？

6. 相似手法对于景观艺术设计有什么意义？举例说明。

7. 在景观设计中，如何在考虑植物的季相特点的基础上来统筹和选择整体色彩？

第六章
视景的艺术处理

中国传统园林讲求"外师造化，中得心源""虽由人作，宛自天开"，追求"画外之象"，积累了一整套视景艺术处理的经验，这些经典的经验对于世界各国的园林及现代景观设计都带来了深刻的影响，在现代景观艺术设计实践中依然时刻闪耀着光芒。景观艺术设计带给人们的感受是大大超出景物本身的，是艺术化了的景象。通过对视景多种形式的艺术处理，可以使空间或景物在游人印象中变得比实际的层次更丰富、更开阔、更幽深、更崇高、更险峻……且传递给游人看不见、摸不着却又深受触动的氛围和意境，使景观的美学价值得到极大的提升。

第一节　主景与配景

在前面的章节中已经提到，为达到多样统一的艺术效果，景观艺术设计的众多景区或空间中，必然有主要景区和次要景区或主要空间和次要空间之分，每个空间中也都应有主景和配景。正如植物配植要有主体树种和陪衬树种的搭配，堆叠假山应有主、次、宾、配之分，主次关系的恰当处理起到提纲挈领的作用。在景观空间中，主景的突出并不在于其体量的大小，关键在于其在景观空间中的位置是否恰当，同时加上次要景物的烘托及纯净背景的衬托，便能起到引人注目的效果。通常要突出主景，宜将其设在下列位置。

一、轴线的端点或交点

景观艺术中，轴线的端点又被称为聚景点，游人对其总是抱有很高的期望值，若在此没有设景，会令游人产生扫兴之感，在此设置主景，则会收到水到渠成、事半功倍之效；若主干、副轴相互交织，展开布景的方式在景观设计中也是常见的，这些轴线的交点或端点也是布置主景的理想位置（图6-1）。该类处理主景的方式以法国和意大利的古典园林最为典型。

二、动势集中

在广场、草坪等由四周景物环抱围合的空间中，

图6-1　轴线的交点是布置主景的理想位置/比利时

图6-2　在空间的动势集中点布置主景/意大利维罗纳

图6-3　升高主景的位置，以纯净的天空为背景，突出主景/无锡灵山

周边的次要景物都会产生一种向心的动态倾向，该倾向在空间中会形成一个集中的点，即动势集中点，此处便是该空间安放主景的绝佳位置（图6-2）。

三、空间构图重心

景观空间的构图重心包括规则式园林的几何中心和自然式园林的构图重心，也是适合突出主景的

有利位置。

在为主景选择了理想的位置的前提下，采用突出主景的色彩或升高主景的位置造成鹤立鸡群之势，以纯净的蓝天为背景，或采用其他简洁的背景来突出主景轮廓线等，也可起到进一步突出主景的作用（图6-3）。

在配景的处理过程中，切忌喧宾夺主，配景的成功在于陪衬和突出主景。

第二节　前景与背景

在景观艺术中，为突出主景、避免其产生单调孤立感且加强空间深远感、增强艺术感染力，常采用增加景观层次的手法，即在主景的背后设置背景，在其前方增加前景，形成远、中、近景多层次的空间格局（图6-4）。前景或背景都可以使景色深远、丰富而不单调，前景也可以是不同距离的、多层次的，起到装点画面、调整构图的作用，有类似于画框的作用。背景是在主景周围或背后，利用天空、草坪、水面、林丛、建筑、山石等要素，通过对其色彩、体形、质地等因素的处理，达到突出主景的目的：一般主景若为浅色，背景宜用深绿或深蓝色，以产生空间感和距离感；主景若为深色，背景宜用天空、水面或白墙；主景质地坚硬，背景应采用柔性的水体或植物；主景强调竖向构图，背景则应趋向水平……在连续景观构图中，随着主景的不断变化，背景、前景也作相应的转换，继而形成了步移景异之象。无论前景还是背景都应遵守配景的处理原则，即不能喧宾夺主。

景观艺术设计

图6-4　多层次的空间格局可加强空间的深远感、增强艺术感染力/北大校园

第三节　夹景与框景、漏景

　　夹景、框景与漏景均为景观艺术中关于前景的几种典型艺术处理手法。夹景是指在轴线或透视线的两侧，运用树丛、院墙、建筑或地形等围合形成狭长的空间，屏蔽周围的景物干扰，从而将人们的视线集中到轴线尽端的主景上的处理手法（图6-5）。框景是指将局部景观框起来作画面处理的手法。中国传统园林常用粉墙上的景窗、圆洞门等作景框，而西方园林中常采用树冠作景框。框景的作用在于用简洁的前景作画框，对景观空间中的景色作了裁剪，形成了一幅立体的风景画面，将游人的视线集中到画面的主景上来，同时也提供了观赏主景的最佳位置，扩大了空间景深，增加了诗情画意（图6-6、图6-7）。当然设计框景时应注意观察者的视角，要使景物透过景框，恰好落入游人26°的视域范围内，方能成为最理想的画面。漏景是由框景衍生而来，不同之处在于框景能观察全景，而漏景则采取半遮半掩的手法，使景色若隐若现，令人感到含蓄而雅致。漏景常用漏窗、花墙、疏林、廊架、漏屏风等，是景观艺术中调动游人游兴的惯用手法（图6-8）。

图6-6　框景用于剪裁精华，扩大景深/意大利卢卡

图6-5　夹景/无锡锡惠公园

图6-7　现代景观中的框景手法/新加坡

图6-8　含蓄而雅致的漏景景观/美国波士顿

第四节　对景

　　凡是与观景点相对的景物称之为对景。对景有正对与侧对之分，正对是指视点通过轴线或透视线将视线引向景物的正面，侧对是指在观景点仅能观察到某一景物的侧面。正对观察主景易取得庄严、崇高的艺术效果（图6-9），而侧对观察主景更易使主景显得活泼和生动（图6-10）。景观空间通常将主要景物布置在道路或轴线的交点或端点，或将景观空间中迂回、曲折的道路、河流、水面、长廊的转折点作为对景，能起到步移景异的艺术效果（图6-11）。

景观艺术设计

图6-9　正对使景物显得庄重而崇高/意大利圆厅别墅

图6-10 侧对使景物生动而活泼/意大利卢卡

图6-11 布置在水面迂回曲折的转折点的对景景观/
北京香山饭店

第五节 借景

　　景观场所均有一定的范围局限，而景观艺术就是要通过对景物的有机组织，传递给游人比有限的景物、空间自身丰富得多的信息，借景便是其重要的艺术处理手法。借景是指通过景观设计创造条件，有意识地将游人的视线导向景观空间之外，将外部景物引入其中，借以扩大景观空间感和层次感的手法（图6-12）。千古佳句"窗含西岭千秋雪，门泊东吴万里船"便是借景手法的成功写照。借景手法十分灵活，可远借高山宝塔，邻借花草流水，仰借南归飞雁，俯借群山众壑；春借桃柳，夏借荷香，冬借飞雪，秋借菊黄……总之，因时而借，因景而借。借景需要为内外视线的流通创造一系列条件，主要途径有下列三条：借园路的组织或景物的布局开辟透景线；提高视点的位置，扩大视野，使远山近水尽收眼底；借助门窗或围墙上的漏窗，将相邻景物引入。

图6-12 拙政园远借北寺塔，无形中拉大了景深，扩大了有限的空间范围/苏州

第六节 藏景与障景

有别于西方传统园林景观讲求开门见山的气势和宏大的规模，中国传统园林则强调含蓄、委婉和内敛，主张欲扬先抑，制造"山重水复疑无路，柳暗花明又一村"的意境，成为世界景观艺术中独具特色且具有极高艺术价值的景观流派。其典型处理手法为藏景与障景。

中国传统园林素有"景愈深，兴愈浓"之说，因而在游人到达中心景区之前，常常须经过若干道门，穿越几个小院，直到胃口被调得足足的，方能得见"庐山真面目"，且即便此刻，也不可能让你一览无遗，其变化无穷的所有景象，只有当你漫步全程时才能从中真正领略它的美妙，这便是藏景的处理手法。

障景手法通常是在游览过程中突设高于视线的障碍物，令游人产生"山穷水尽"的感觉，同时又不得不顺着它的引导改变游览方向，但当游客绕过该障碍物时，会惊喜地发现园景正在逐步地展开，从而又产生了"柳暗花明又一村"之意，而此刻主景的魅力无形中被艺术地放大了，该障碍物即障景。障景不同于藏景，障景本身即为景，作为游客游览过程中的对景，其景观效果也很重要。障景的种类很多，手法也极其灵活，它可以是一棵体型高大的树或树丛、一堵照壁、一组雕塑，也可以是山石等某一景观材料组织而成的一组紧凑连续的郁闭空间，可视具体情况而定（图6-13）。

图6-13 障景本身即为景/无锡寄畅园

第七节 隔景

为便于景观空间形成丰富多变的景象，且在有限的空间收到小中见大的艺术效果，常采用隔景将整个用地划分成大小不等的众多空间。隔景的材料和形式是多种多样的，就其对于空间划分的强弱程度而言，可归纳为：实隔、虚隔和虚实隔三类。实隔通常指两个空间被截然分开，正常视线不能相互渗透，常见的如高墙之隔；虚隔是指两个空间虽有平面的划分，但在视线上依然完全通透的分隔，如利用道路、堤、桥、水体等进行的空间分隔；虚实隔则是指将两部分空间划分成既隔又连，隔而不断的相互渗透的趣味空间，常见的有开有漏窗的院墙、长廊、花架廊、疏林、铁栅栏等（图6-14）。

图6-14 利用堤、植物等形成隔景空间/浙江台州临海东湖公园

第八节　虚景与实景

景观艺术强调一切景语皆情语，一切景物不要和盘托出，而应留给游人尽可能多的想象空间。景物铺陈不可太实，应组织多方面的虚实对比，给游人营造朦胧空灵之美、变幻莫测之象、无尽回味之意。虚实之景如影随形，二者往往是成对出现的，人们往往会观其一而联想其二。当然虚景的创造是需要一定的媒介的，而在景观艺术中这些媒介又有固定和可变之分，可变的媒介如阳光、风、雨等时隐时现，往往会使游人在游览之时即便未曾见到虚景，也依然会产生联想，引发各种情思。

虚景的创造有许多途径，除了视觉途径外，听觉途径和嗅觉途径所产生的虚景对于景观意境的营造有着特殊的意义。视觉途径较常见的虚实景如水中月影（月亮－水面－月影）、镜中花影（花朵－镜面－花影）、粉墙上摇曳的斑驳树影（树枝－阳光、粉墙－树影）（图6-15）等；听觉途径的利用，是引发联想、激发诗情画意的重要途径，在景观艺术中，常以赏声为主题，未见其景，先闻其声，以虚景之声激发共鸣，引人入胜，较常见的虚实景如松涛阵阵（松林－风－松涛）、雨打芭蕉（芭蕉－雨－雨打芭蕉声）（图6-16）、竹露滴清响（竹叶露珠－竹叶－清响）、八音涧（涧－水流－八音）等；嗅觉途径与听觉途径相类似，植物芳香气息的作用可传递给游人精神的愉悦，激发诗般心情，也有未见其景，先闻其味之妙，通过景物散发的芳香之虚景，可引发游人对于实景的充分好奇与想象，嗅觉途径虚实之景的媒介主要是流动的空气和风，常用的虚实景如荷花与其散发的阵阵清香、金桂与其扑鼻的异香、米兰与其浓郁的幽香等。

图6-15　粉墙竹影，摇曳生趣/扬州个园

图6-16　观芭蕉之姿，令人联想雨打芭蕉的淅沥声/扬州何园

第九节　点景

　　点景是中国传统园林独创的"标题风景"，通过匾额或对联，起到"片言可以明百意"的作用。景观艺术是设计师的景观创造和游人游赏活动的总和。基于游人的文化和生活背景、阅历的差异，以及游览时间、方式、心情、气候、季节的不同，会导致对于同一景物的认识和感悟的巨大差别，点景便是设计师对于整个景观空间进行的高度概括。其通过形象、诗意的题咏，点明了景观主题，丰富了景观的欣赏内容和诗情画意，给人以艺术的联想，让人们在景观场所的享受扩大化，从实景的欣赏上升到更高的艺术境界——意境的享受，从而使游人与景物间产生最大程度的共鸣（图6-17）。

图6-17　点景"一语点醒梦中人"/扬州个园

思考与练习

1. 对于景观艺术设计而言，视景艺术处理手法的意义何在？

2. 视景处理包括那些具体设计手法？举例说明。

3. 如何突出主景？

4. 如何处理主景和配景的相互关系？举例说明。

5. 视景处理中空间层次组织的一般方式是什么？

第七章
景观空间视觉要素的
规划与组织

景观空间主要是户外空间。景观空间的设计与组织是景观艺术设计的重要内核，换言之，若一个户外的环境设计没有空间构筑的基本线索、空间的概念和空间的意义，那将不可能产生景观的价值，同样，这样的户外环境设计亦是没有灵魂的，是难以打动人心的。

景观艺术设计与建筑设计一样，实质都是对空间的设计，是针对各种界面间的组合关系以及该空间中的主体——人的感受所进行的设计。建筑空间一般都是由天花、地面、墙面等要素围合而成，通常具有明确的范围与形式，而户外空间则不然，除一部分由建筑等实体围合而形成的封闭空间外，多数是由"虚形"界面组合限定或围合的开敞式空间。另外，景观空间从空间的功能性质来看，大多表现为公共性。

可见，景观空间作为空间的一种形式，因其更多的开放性和构筑空间的物质手段的多元复杂性，使其分类有别于建筑空间。然而，源自于建筑设计领域的界面学说，仍将有助于人们认识景观空间的本质并主动而积极地营造景观空间的意义。

第一节　景观空间的基本类型

从建筑学的角度来看，围合空间的三个界面是指底界面、垂直界面、顶界面，以此为手段形成了具有明确的范围、形式和限定意义的建筑空间。而景观空间则类似于没有顶界面的建筑空间，因此，景观空间中存在或表现出的界面主要有底界面和垂直界面。以下以围合空间的界面组合的不同形式为主要线索来分析景观空间的基本类型。

一、按围透关系的类型

围合是空间的本质，渗透是丰富空间的手段。尽管空间是围合而成的，但是如果仅是围合，空间将是封闭和不流畅的，并会给使用者在心理上带来沉闷之感；考虑功能和空间形态方面的因素，应适当减弱空间的围合度，使人在视觉上看到空间的转换和延伸，给使用者在心理上带来疏朗的感受。

按照空间围合的程度，景观空间可以分为较封闭、开敞和狭长空间三种类型（图7-1~图7-3）。在进行景观艺术设计时，根据具体功能的要求并结合整体景观空间形态方面的考虑，三种类型的空间组合穿插，可丰富空间的变化和增加空间的层次感，并可有序地组织景观环境的视景展开。

景观空间的闭合和开敞方式的形成，主要依赖于底界面、垂直界面的物理围合程度（空间的限定性），亦来自于人对空间形态的心理和视觉感受。在景观空间中，从较宏观的层面来考究的话，底界面相对是恒定的，影响景观空间围透程度的决定性因素在于垂直界面。尽管底界面同样具有划分和限定

图7-1　封闭的空间/美国纽约泪珠公园

图7-2　开敞的空间/美国波士顿

图7-3　狭长的空间/意大利干泉宫

景观艺术设计

空间领域的作用，但垂直界面在人们的常规视角的视野中比底界面出现得更多，更有助于限定一个离散的空间容积，为其中的人们提供围合感与私密性。

1. 垂直界面的概念及基本形式

垂直界面表现为景观空间中非水平方向的，具有一定形态、体积和材质等物理指标的物质实体要素。这些要素在视觉中多数表现为各类具有不同形状、颜色和质地等外在可视物理属性的点、线和不完整的实形面。

在景观设计中，垂直界面不仅能有效分隔、限定空间，而且能够形成空间渗透，使相邻空间彼此形成良好的空间关照。

2. 垂直界面的组合方式

景观空间是没有顶盖的空间，其垂直界面的表现形式更为多样化，围合与限定空间的形式也与建筑空间有所不同。

在现实的景观艺术设计中，以单一垂直界面出现的形式并不多，多数是以界面组合的方式围合限定空间，可由线形要素与面状要素组合，也可以是几个面状要素的组合。组合的形式有平行组合、L形组合、U形组合，这三种组合与建筑空间的垂直界面组合比较相近，但在户外空间中几乎不存在真正的四个面完全闭合的界面组织形式。

根据围合程度，垂直界面的组合方式可分为以下几种：

（1）弱度围合——平行组合

一对平行的垂直面，在它们之间限定出一个空间领域。该领域敞开的两端，是由面的垂直边缘形成的，赋予空间一种强烈的方向感。它的基本方向是沿着这两个面的对称轴的。由于平行面不相交，不能形成交角，也不能完全包围这一领域，所以这个空间是开敞型的。但也会出现这样的特例，即随着平行垂直面之间距离的不断缩小，当平行垂直面的长度大大长于其间距时，其空间也会呈现较强的围合度，此时，狭长的空间使景观空间的进深感显得格外强烈。

（2）中度围合——U形组合

垂直面的U形组合限定一个空间范围，它有一个内向的焦点，同时方向朝外。在组合型的封闭端，该范围得到很好的界定。朝着组合型的开放端，该领域变得具有一定开敞性（图7-4）。

（3）强度围合

四个面组合围合的室外空间与建筑空间有相似之处，围合度高，但两种空间具有本质上的不同。按照日本当代著名建筑师芦原义信的阴角、阳角空间来分，建筑空间是四角完全闭合的阴角空间，而室外空间多数为四角开敞的阳角空间。室外空间中作为四面围合的垂直界面有些绝对高度较小，有些界面的存在是"虚形"的，相邻空间有一定贯通性和渗透性。

图7-4　U形中度围合空间/意大利

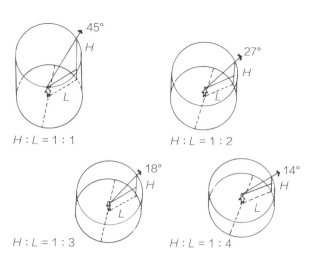

$H : L = 1 : 1$ 　　　　　$H : L = 1 : 2$

$H : L = 1 : 3$ 　　　　　$H : L = 1 : 4$

图7-5　空间的围合度

3. 围合度

景观空间中的围合度指垂直界面与底界面以及人的尺度的匹配关系。景观空间中，垂直界面的高度同它们所围合的底界面尺度之间需要有一个良好的比例，围合感要求这个空间既不闭塞，又不过于开敞。英国建筑师弗利德瑞克·吉伯德（Frederic Gibberd）在他的《市镇设计》一书中对围合空间的尺度提出的数据颇有参考价值。他指出：当建筑物立面的高度等于人与建筑物的距离时（1:1），有很好的封闭感；当建筑物立面的高度等于人与建筑物距离的二分之一时（1:2），是封闭的低限；当建筑物立面的高度小于人与建筑物距离的三分之一时（1:3），封闭感就消失了（图7-5）。

景观空间具有人性的尺度同样重要。C.赛特（C.Citte）指出，欧洲古老广场的平均尺寸为142m×58m，具有良好的围合感。由于当时建筑物的高度受到建筑材料和结构种类的限制不可能太高，因此广场面积也不会太大。到现代，高层建筑的出现改变了尺度概念。从围合感的角度分析，小广场周边是低层建筑时，尺度是平易近人的。若为高层建筑所包围时，虽然围合感很强，但会使人产生"坐井观天"的压迫感。

二、按形状的类型

设计是一种图式语言，各种几何形态是这种语言的词汇，景观空间的设计亦不例外。不同几何形态的景观空间因为特性各不相同，设计时有不同的特点。按形状分类主要依据景观空间的底界面在平面两个向度上的几何特性。这时，景观空间依其不同几何形态可分为方形景观空间、圆形景观空间、锥形景观空间、不规则景观空间和复合景观空间等。

在各种几何形态中，方、圆属于最基本的几何原形，其他的几何形态，都来源于这两个原始形状。方、圆两原形，沿对角线分割，产生等腰三角形和半圆形，再由这两个过渡形分别向两原形再过渡，可以产生十二个几何形。在古代的益智图图式中，有十五个形，可以看出是以方、圆形为基础的，方、圆形结合中间形加减和综合后会变化出无数的形状。

1. 方形景观空间

方形景观空间包括正方形景观空间和长方形景观空间。在几何学中，正方形可以认为是长宽相等的特殊的长方形，正因为其边长相等，正方形又具有不同于长方形的特性。

不同的景观空间形态具有不同的表情，一般来说，直面限定的景观空间表情严肃，曲面限定的景观空间表情生动。从形态上来看，方形构图严谨、整齐、平稳，体现一种静态的平衡，单纯的方形景观空间适合于表达要求表情庄重和肃穆的场所。方形平面，特别是正方形平面，等边又等角，在景观平面空间形态划分时，容易形成一定的几何关系，和谐而有变化，具有很强的平面生成能力，同时一般来讲，与其他景观平面形态相比较，更能适合不同形式和功能的需要。

2. 圆形景观空间

圆形景观空间具有向中心凝聚和向周边发散的特点，因此圆形景观空间具有向中心的围合感，中央空间停滞，周边部分流动，这是圆形景观空间的导向性特点（图7-6）。

3. 锥形景观空间

锥形景观空间的平面基本形态是由三角形，或三角形和其他形态组合而成的。这种形态的景观空间设计相比方形景观空间，如果设计相同的内容，因受形态特性所限，生成不同空间形态结构的可能性要小，设计得好有一定的难度，但通过合理和精心的布局，仍然可以得到巧妙的平面和有趣的空间。

平面三角形在力学上是最稳定的，但景观平面形态为三角形的锥形空间却有着不稳定的表情（图7-7）。

4. 不规则景观空间

这种类型的景观空间可以看作是由一些基本的空间形式（方形、圆形、三角形空间等）综合构成的，其空间的表情是多变的、不定的，比较适合用于一些轻松活泼的景观场所的设计（图7-8）。

5. 复合景观空间

上面几种景观空间的性质是单一的——这是从方、圆、锥等单一的空间形态上来讲，如果在某种单一的空间形态中加入其他空间形态，使它们并置在一起，就产生了复合景观空间。复合景观空间的表情常常是多义、含混的，它的运用使景观空间体现出复杂性和矛盾性（图7-9）。

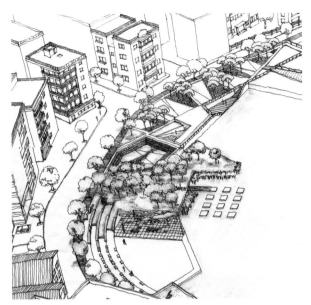

图7-7　锥形景观空间

图7-8　不规则景观空间/南京

图7-6　圆形景观空间/美国纽约猎人角南滨公园

图7-9　复合景观空间/上海（摄影：Holi河狸景观摄影）

第二节 景观空间的规划与组织

一、规划与组织的基本要素

前面从两个不同角度分析了景观空间的基本类型，其形式颇多，但这仅仅是一个独立的空间所呈现出的状态而已。在实际的景观艺术设计中，几乎不存在单纯独立的空间形式，而通常是由若干空间的并存及其连接而形成的，因此如何将其有效地组织在一起，是一个十分重要的问题。而景观空间规划与组织的基本要素包括功能分区、流线组织和空间尺度。

1. 功能分区

景观空间的功能尽管远没有建筑复杂，但大体仍可以分为主要空间、辅助空间和交通联系空间。不同功能的空间之间具有主次关系、疏密关系、动静关系、公共与半私密的关系、半封闭与开敞等关系。

在进行功能分区的时候，首先应根据场地实际情况和设计要求对上述三大空间进行合理的规划，明确各个空间的功能，使空间分割能满足设计的功能要求，并从整体上把握景观空间的性质和氛围。

在合理分区的基础上，根据不同性质的景观空间的特点，处理好空间的主次关系。应把主要空间放在重要的地方，次要的空间放在从属的部位，不仅在位置的摆布上体现空间的主次之分，而且在视景、朝向、交通联系等问题上也要体现空间的主次之分。

除了空间的主次关系，各空间之间的公共与半私密的区分、动静区分等也是设计中必须顾及的方面。如动静分区，要求热闹的空间与安静的空间分隔，并互不干扰。

以上分析表明，对景观空间性质有了充分的了解，才能正确把握各个空间的关系，处理好景观空间的功能分区。

2. 流线组织

在景观空间规划中，流线的组织同样是非常重要的。景观空间的流线主要有使用功能需求的流线和有视景服务需求的流线，因此景观空间的流线具有一定的复杂性和多重性。其流线组织具有各自的特点，一般来说，可分为单一主流线和主流线与辅助流线结合的两种方式：中小型景观空间由于功能单一，通常采用单一主流线的方式；而大型的景观空间，由于空间的复杂，仅通过主流线组织，是不能满足视景展开的不同需求和解决人流交通的问题的，常采用主流线与辅助流线结合的方式（图7-10）。

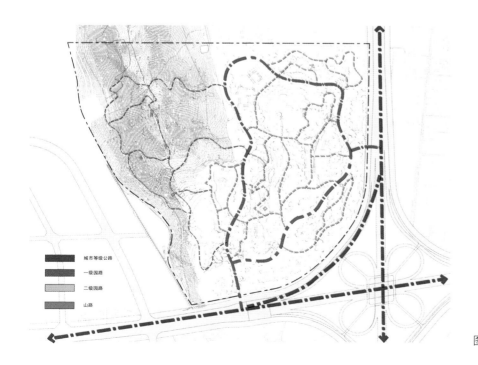

城市等级公路
一级园路
二级园路
山路

图7-10 主流线与辅助流线结合

3. 空间尺度

空间尺度就是人们权衡空间的大小、质地的粗细等视觉感受上的问题。尺度的处理是表达景观空间效果的重要手段，它主要通过景观设施细部尺度来创造景观环境的气氛、协调空间的大小比例，从而满足人的尺度感（图7-11）。同时尺度的处理也不能忽略人的视觉方面的因素，人的视觉具有透视的规律，巧妙地运用透视原理处理，可以产生不同尺度感的错觉，从而增强或减弱空间的尺度效果。

二、规划与组织的方法

一个完整的景观空间是由若干相对独立的空间组合而形成的，不同的使用功能、交通流线功能对景观空间的组合形式有着不同的要求。所谓"使用功能"，可以理解为户外空间为满足人的各类活动而提供的专门场所，这些专门场所使功能成为可见的形式。人在户外空间中的活动不是盲目的、偶然的，而是有目的、有组织、有秩序的，因此，活动发生的先后顺序以及各类活动之间的相互连接所形成的流线，是景观空间的组织依据。

人对户外空间的认识，不是在静止状态下瞬间完成的，只有在运动中——在连续行进的过程中，从一个空间进入另一个空间，才能看到它的各个部分，形成完整的印象。因此，我们对空间的观看不仅涉及空间的变化因素，也涉及时间的变化因素。空间的序列问题，就是把空间的组织、排列，与时间的先后顺序有机地统一起来。只有这样才能使观看者不仅在静止的状态下获得良好的视觉效果，也能在运动的状态下获得良好的视觉效果。对于景观空间，可以从事件的秩序（功能因素）和形式的秩序（美学因素）两个不同层面来进行规划与组织。

1. 事件的秩序

事件的秩序有两种主要组织方式：

（1）根据事件的先后顺序安排空间秩序

它突出强调空间的轴线关系，把事件与空间序列有机地结合在一起。空间的形态经过垂直界面的分隔与围合，形成几个收放的过程，造成起伏、跌宕的效果，增强了视觉上的感染力。这样的空间秩序把事件与空间有机地结合在一起。如美国罗斯

图7-11 精致的细部尺度处理使拥挤的都市景观空间显得开阔、疏朗/中国香港

福纪念公园，通过按时间先后顺序展开的四个主要空间及其过渡空间来表达对罗斯福总统长达12年的任期的叙述，蜿蜒曲折、融入情感的花岗岩石墙、瀑布、雕塑、石刻记录了罗斯福最具影响力的思想语录，并且用众多的事件从侧面反映了那个时代的社会和精神，以此展现对罗斯福总统的纪念（图7-12、图7-13）。

（2）根据事件的相互关系安排空间序列

它强调事件的共时性以及由某一事件连带的其他事件。适于把不同类型的活动组织在相对独立的空间中，以避免相互间的干扰，同时各空间又保持着一定程度的连通。如扬州个园以艺术化的手法将春夏秋冬四季超越时空的同时展现在游人面前（图7-14、图7-15）。

图7-12 罗斯福纪念公园鸟瞰/美国华盛顿（引自Google Earth）

图7-13　罗斯福纪念公园实景/美国华盛顿

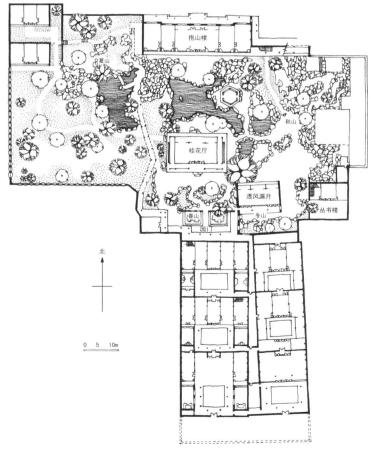

图7-14　扬州个园总平面图

图7-15 扬州个园实景

　　近年来，也有许多学者针对景观设计师在场所历史记忆保护方面的众多实践探索展开了深入的研究，提出了空间叙事的相关理论，将景观艺术设计空间的叙事组织方式，依据具体情况与文学艺术中的基本体裁——小说、诗词、散文的组织方式相类比，究其根本，依然分别属于上述两种基本的组织方式。

　　2. 形式的秩序

　　一个成功的空间序列，除了能较好地适应功能要求之外，还应具备美学上的一些特征。只有按照美的规律组织起来的空间序列，才能达到形式与内容的统一。因此，在考虑事件秩序的同时，还要考虑形式的秩序。美的空间秩序产生于对立因素的统一。在一个完整的空间序列中，应该有主有次，有起有伏，婉转悠扬，节奏鲜明。所谓"主次""起伏"是指在空间序列中，应该包含空间形态变化、体量上的对比与变化、重复与过渡，通过对比产生起伏，重复产生节奏等。在景观空间的设计中，同样要运用好空间构成的规律，如空间的对比、空间的围透、空间的组合等。

思考与练习

1. 限定空间的方式有哪些？如何创造具有模糊边界的景观空间？

2. 举例说明不同形状和类型的空间会带给人怎样不同的氛围感受。

3. 单一流线和复杂流线各适用于怎样不同的场合？

4. 景观空间规划组织的基本方法是什么？

第八章
景观艺术设计的基本物质要素及组织

从景观艺术设计的角度来说，其设计的基本物质主要包括土地、水体、建（构）筑物、植物、景观设施及光影等六大基本物质要素。其中有关建（构）筑物要素的设计与组织，已有许多著述和相关教材可资参考，在此不再赘述，而有关于植物要素的设计与组织，本书独辟一章做专门和详细的介绍。因而，本章主要介绍土地要素、水体要素、景观设施要素及光影要素。

第一节　土地要素

土地要素在一定意义上是展开景观艺术设计的根本，换言之，土地要素是承载所设计景观环境的底界面，同时，在自然式景观中，起伏的地形变化还兼具了作为垂直界面分隔空间的作用（图8-1），若无土地要素，景观环境将不复存在。土地要素关系到人的活动内容与形式及其组织，并对景观空间的围合营建起到决定性的作用。

一、土地要素的类别

土地要素主要包括自然地表和人工地表两大类。

1. 自然地表

自然地表指的是地球表面的所有自然因素的总和，通常是由矿物质组成，依其硬度分别为花岗岩、灰岩、页岩、黏土、沙土和壤土。同样也包括覆盖于其上的植被，从水边的地衣、苔藓、芦苇到平原上的草场、草原等，都属于自然地表的范畴。另外，自然地表还包括了地表水，如天然的海洋、河流、湖泊、沟塘、淀洼等。

2. 人工地表

人工地表主要指人工铺地与人工水体，是根据人类社会的需要在地球表面上对自然的改造，它代表的是人对自然世界的利用与控制。由于人工铺地涉及相关自然系统的循环的改变，所以必须慎重地对待。在景观空间中，硬质地面应优先考虑环保型铺地材料。比如现有的混凝土渗水型铺地砖，它具有强度高、渗水性能稳定的特点，可用于完全渗水性排水、渗水与集中排水相结合等不同场合，在水

图8-1　纽约中央公园/美国

087

第八章　景观艺术设计的基本物质要素及组织

循环问题突出的相关区域中使用能起到保护作用。这是人工铺地的生态性原则的运用。

二、人工铺地

由柔性铺装、硬性铺装等不同材料的人工铺地所形成的景观，其底界面会给游人带来不同的感受。人工铺地的材料可分为自然材料与人工材料两大类表面铺装。自然材料的表面铺装主要有：黏土铺装、垫砂铺装、混砂黏土铺装、砂或碎石铺装、灰渣铺装、步石铺装、小块石铺装、料石铺装、锯木铺装、木砖铺装、卵石等材料的镶嵌、自然草坪铺装等；人工材料的表面铺装主要有：瓦片砖铺装、陶板铺装、瓷质地砖铺装、砖铺装、联锁砌块铺装、水刷石混凝土板铺装、水磨石板铺装、彩色混凝土板铺装、沥青砖块铺装等。

1. 图案纹样的选择

地面铺装以多种多样的形态、纹样来衬托和美化环境。纹样起着装饰地面的作用，而铺地纹样因场所的不同又各有变化。某些纹样会使地面产生伸长或缩短的透视效果，而某些形式又会产生更强烈的静态或动态感。例如一些用砖铺成直线或平行线的路面，可达到增强地面设计的效果，其中与视线相平行的直线可以增强空间的纵深感，而那些垂直于视线的直线排列则会增强空间的开阔感；又如正方形、圆形和六边形等规则、对称的形状等易形成宁静的氛围，这在中国传统园林的庭院中应用广泛，在铺装现代景观的一些休闲区域时效果也很好；再如一些波浪形的纹样用于广场之上可增添活跃、变化的气氛……同心圆图案通常是以一些面砖、鹅卵石等小而规则的铺装材料组成，把这些材料布置在地面或广场中央会产生强烈的视觉效果。表现纹样的方法很多，如用块料拼花，镶嵌，划成线痕、滚花，用刷子刷，做成凹线等（图8-2～图8-4）。

2. 尺度的把握

在地面铺装的设计中，其砌块的大小、拼缝的宽窄、色彩和质感等，都与场地的尺度有着密切的关系。通常较大面积的场地质地可粗犷些，纹样线条也可选择大一些的（图8-5）。而小面积场地则质感不宜过粗，纹样也应选择精致些的（图8-6）。

图8-2　传统冰花纹样/无锡

图8-3　传统青瓦波浪纹样/上海

图8-4　活泼、变化的现代波浪纹样

3. 户外无障碍设计

户外无障碍设计包括坡道、缘石坡道、盲道等其他辅助设施的无障碍设计，其具体相关技术参数应符合《城市道路和建筑物无障碍设计规范》（JGJ50—2001，J114—2001）的有关规定。

图8-5　较为粗犷的大尺度纹样适用于广场等面积较大的场所/长春

图8-6　精致的卵石方格纹样适用于小面积庭院/北京

（1）坡道

坡道是用于联系地面不同高度空间的通行设施。它受到人们的欢迎，尤其受到残疾人、老年人的欢迎。坡道的位置要设置在方便和醒目的地段，并悬挂国际无障碍通用标志（图8-7）。

坡道的设计根据不同情况可设计成直线形、L形或U形等。坡道应优先考虑使用的便捷性，直线形是其基本形，省力省时，在很多场所有广泛的适应性。根据地面高差的程度和空地面积的大小及周围环境等因素，坡道形式的设计可设计成L形或U形。坡道宽度一般应不小于1.5m，这是为了避免轮椅在坡面上的重心产生倾斜而发生摔倒的危险。坡道不宜设计成圆形或弧形，且坡道水平长度与垂直爬升高度之比不应小于12∶1，并应设高出坡道面85cm和65cm的双层扶手。

（2）缘石坡道

在景观环境中，为方便行人和坐轮椅的残疾人通过路口，人行横道边缘或人行道与车行道之间，

图8-7 标有国际无障碍通用标志的坡道/马来西亚

凡被立缘石断开的地方要毫无遗漏地设置缘石坡道，以实现全线无障碍。缘石坡道的基本形式分为单面和三面两种形式，其中单面缘石坡道更便于使用（图8-8）。

（3）盲道

在城市广场、步行街等的人行道上应设盲道。其作用是可告知视残者设施的具体位置，协助视残者了解周围情况。人行道设置的盲道位置和走向，应方便视残者安全行走和顺利到达无障碍设施的位置。盲道是由地面提示块材拼接组合而成的，盲道的基本形式分为条形的行进盲道（块材）和圆点形的提示盲道（块材），如图8-9所示。

三、景观道路的设计与组织

景观道路是土地要素中最为活跃的因素，是景观环境设计的重要组成部分，是联系各景区、景点以及活动中心的纽带，具有引导游览、分散人流的功能，同时也可供游人散步和休息之用。

1. 景观道路的类型

景观规划中，道路通常可分为三级（随着景观用地范围的变化，也可以分为两级或四级），即主干道、次干道和游步道，除主干道可通机动车外，次干道和游步道均为步行道。

① 主干道：宽3~8m，联系主要出入口、各功能分区以及景点，也是各区的分景线。

② 次干道：宽2~3m，由主干道分出，直接联系各区及景点的道路。

③ 游步道：宽1~2m或小于1m，深入景点，寻胜探幽之路，最接近大自然。

2. 步行道的风格

① 规则式景观：多为直线或有轨迹可循的曲线路。

② 自然式景观：多为无轨迹可循的自由曲线或宽窄不等的变形路（图8-10、图8-11）。

3. 景观道路系统规划的一般要求

① 步行道宜曲不宜直，顺乎地形，自然流畅。

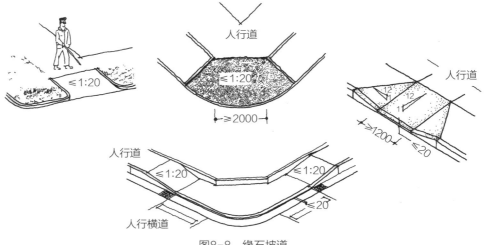

图8-8 缘石坡道

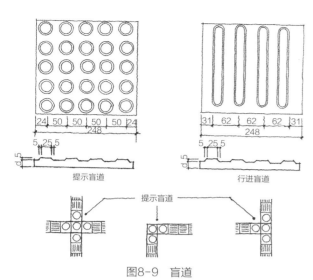

提示盲道   行进盲道

提示盲道

图8-9 盲道

② 切忌无目的的路或死胡同。

③ 游步道应多于主干道，以使游人分散，增加景色的幽深感。

④ 在不通车辆的路段，当坡度大于12°时应设台阶，台阶高12~17cm，宽30~38cm，一般每隔8~10级台阶应设一段休息平台作缓冲。

⑤ 应考虑不同年龄层人们的活动心理，设置或惊险，或平稳的步道。

⑥ 跨越水面的道路可采用桥、汀步、堤等多种方式连接（图8-12）。

⑦ 滨水步道与水面应若即若离，以产生若隐若现、变化丰富的景色（图8-13）。

图8-10 充满野趣的变形路1/瑞士苏黎世湖公园

图8-11 充满野趣的变形路2/日本

图8-12 不拘一格、跨越水面的道路/马来西亚吉隆坡

图8-13 与水面若即若离的步道/马来西亚吉隆坡

⑧ 在很近的范围内不宜设无遮掩、曲折过多的蛇行路和棋盘格的路。

4. 步行道的设置要求

人对景观空间中的散步需求不同于日常的步行要求。散步活动往往和欣赏美景等其他活动结合在一起，因此景观空间中的步行线路设计是很重要的。

① 联系两个主要场所之间的步行道应遵循短捷的原则，设置直接且明显的道路而便于识别。

② 作为主要步行道，应该平缓而适于人的行走，而其他的小径则可以采用适当的粗糙质感的路面材料铺装及高差的变化。因为蜿蜒或富于变化的散步道可使步行变得更加富有情趣，并产生"曲径通幽"的意境。

③ 当步行道有高差变化的时候，应同时设置相平行的台阶和坡道，或直接使用平缓的坡道，以满足通用设计的要求。

④ 一般说来，步行道比较狭窄，因此可以充分利用"边缘效应"在步行道的周围安排适当大小的空间，强化变幻而连续的空间尺度对比效果，既满足人们对空间多样化的需求，又给人们提供足够的休息场所。

⑤ 在开阔的景观空间周边设置步行道具有很高的实用价值。因为当人围绕大空间四周步行时，"边缘效应"同样发挥着作用。沿大空间的边界散步，既可以体验到大空间的尺度，又保证了人对安全感的需求。

第二节　水体要素

水域约占地球表面总面积的70%，水可谓是自然界中最为活跃且壮丽的因素。水是生命之源，人既有着亲水的本性，同时人类的生活、创造与水亦密不可分，自古以来人类文明莫不是依水发源孕育。城镇村落依水而建，农业耕作依水系而发达，商业贸易因水系而繁荣的现象更是不胜枚举。同样，随着人类社会经济的不断发展，水与水体也逐步从单一的物质功能的价值体现逐步表现为具有实用和审美双重价值体现的水景。在中国的传统园林中，素有"有山皆是园，无水不成景"之说，水被称为"园之灵魂"，并创造了独到的理水手法，对世界上许多国家的园林艺术产生了重要影响。

当今许多景观艺术也都借助自然的或人工的水景，来提升景观的审美趣味和增添实用功能。水景不仅能增加周围空气的湿度，减少尘埃，提高负氧离子的含量，还能在小范围内起到调节气候的作用。平静的水常给人以安静、轻松、安逸的感觉；流动的水则令人兴奋和激动；瀑布气势磅礴，令人遐想；涓涓的细水，让人欢快活泼；喷泉的变化多端，给人以动感美……水是构成景观、增添美景的重要因素。在景观艺术设计中，水体已成为十分重要和活跃的设计要素。

一、水体的常见造型

水体的常见造型，按基本形状分类大致可以分为点状水体，如喷泉；线状水体，如瀑布和水道；面状水体，如水池。

1. 喷泉

水体因压力而喷出，形成各种各样的喷泉、涌泉、喷雾……总称"喷泉"。喷泉可大致分为普通喷泉、旱喷、雕塑喷泉、水幕等（图8-14～图8-18）。

① 普通喷泉：这是比较常见的形式。一般有水

图8-14　浪漫而现代的喷泉/比利时

池喷泉、浅池喷泉、自然喷泉、舞台喷泉、盆景喷泉等形式。

② 旱喷：喷头等设备隐于地面以下，不喷水时，可作活动场地使用。喷水可形成环形、矩形等多种形状，也可喷水雾。

③ 雕塑喷泉：喷泉与雕塑结合的方式。雕塑喷泉主题性较强。

④ 水幕：成排喷水，形成像幕墙一样的水体景观，也有与墙体或玻璃结合形成类似涩水的景观，但水流贴着构筑物，流速、流量都很有限，类似面状跌落。水幕还具有隔声作用。

2. 瀑布

瀑布是水体从岩石或人工构筑物表面近乎垂直流落下来的水体景观。瀑布可分为水体自由跌落的瀑布和水体沿着斜面或台阶滑落的跌水等两种形式。这两种形式因瀑布溢水口的高差及水量、水流斜坡面的不同，可产生千姿百态不同的水姿。

① 水体自由跌落瀑布：主要有自然瀑布景观和人工瀑布景观两类。人工瀑布的用水量较大，通常采用循环水的方式。

② 跌水：这种形式的瀑布，其水流沿着阶梯或斜面滑落，垂直高度不超过1m。跌水的形成更多依托于人工构筑物，人工构筑物可以是台阶、墙体或倾斜的底平面，其中跌水面如果是平面，最好和水平面有5°~10°的倾斜。跌水的效果取决于人工构筑物的形式、水量的大小、流水表面的粗糙程度等因素的不同选择方式（图8-19）。

3. 水池

水池是呈面状的水体形式，水池水体有动静之分。

动态的水池有喷水池、瀑布池、水流动的活水池，以水的活动形态为主要欣赏对象；静态的水池是以周边景物在水中的"倒影"为主要欣赏对象。

除此之外，水池水体的形式与水池边界的限定方式有关。水池因限定方式的不同而大小不同且具有各种平面形态，其中限定因素可以是池岸、构筑物、植物、雕塑等。水池形态主要采用几何形或自然形。

另外水池池底和池壁的颜色选择亦十分重要，可反衬水体的整体效果。

图8-15 温和的涌泉/美国波士顿

图8-16 精美的古典喷泉/意大利千泉宫

图8-17 著名的哈佛大学唐纳喷泉/美国波士顿

图8-18 颇受儿童喜欢的旱喷广场/美国波士顿

图8-19 现代的人工跌水/中国香港

4. 水道

水道原是指由地表呈片流和分散的细流组成的地表径流，且处于经常性流动的水体形态。本书所指水道除上述水体形式外，还包括具有在长度上的线性延伸特征的各种人工水道。

水道的限定因素是水道设计的重点，它影响到水流的形态和水面的形式。限定水流的护岸、临水的建筑物与构筑物、植物等形式都是重要的设计因素。

二、水体的运动类型

水景设计中，依照水体的运动状态可分为平静、流动、跌落和喷涌四种基本水体类型。设计中往往不止使用一种，可以以一种形式为主，其他形式为辅，也可以几种形式相结合。

水体的四种基本形式反映了水从源头（喷涌式）到过渡（流动式或跌落式）、到终结（平静式）的一般运动规律。在水景设计中，可利用这种运动过程创造水景系列，融不同水的形式于一体，处理得体会有一气呵成之感。

常见的平静的水体类型有湖泊、水池等；流动的水体类型有水道、溪流、水渠等；跌落的水体类型有瀑布、水梯、跌水、水墙等；喷涌的水体类型有喷泉、涌泉、雾泉等。

三、水体要素的设计与组织

1. 设计与组织的基本原则

（1）以自然生态平衡为基点

若原场地中已有水体，则应尊重设计场地中原有水体的特征，顺应自然因势利导，主要做些水体的梳理工作，弱化过度的人工手段与绝对的控制，使新的设计对原环境生态的影响减少到最低，并有利于生态条件的进一步的改善。而若原场地无水体，须新增人工水体的话，应对人工水体数量与面积做适度的把握，避免资源的浪费。另外，驳岸等容体形态和材料，应多利用当地的乡土材料和乡土植物，多运用一些自然的元素。

（2）合乎场地环境和功能需求

水体设计尤其是水体形态的选择应与所处环境具有一致性，符合景观场所的环境特征和氛围，同时，应根据不同景观功能的需要，安排不同的水景形式，以突现场所的功能特色（图8-20）。例如纪念性广场宜选择庄严、肃穆的水体形式，而儿童游乐场所宜选择欢快、活跃的水体形式。

（3）注重人心理的多元需求

重视人的亲水性，水体的设计应契合人的心理需求，突出可赏、可游、可乐等特点。在注重水体观赏性的营造的同时，为人们在水景中的参与与互动活动创造更多的机会（图8-21）。

2. 设计与组织的主要方式

（1）分析环境空间性质

在进行设计之前，首先应进行水体周围环境的综合调查分析，其中包括地貌、水文、植被、色彩、邻近风景、人文景观等诸多因素。水体设计要尽量顺应场地特征，使场地的原有要素不受干扰和破坏，或控制在最小承受范围内。

其次要分析场地的空间属性，包括空间尺度、形状、材料质地等，对水体塑造的空间进行界定，包括平面因素和立面因素的综合分析。

（2）确定水体类型与功能

基于场地环境分析，充分考虑使用人群的需求及心理行为因素，对水体进行定性，包括确定水体的使用功能、大体形式、运动类型等。

水体功能概括起来可分为主景功能、基底功能、纽带功能、主题功能和限制视距功能五大类。

① 主景功能：景观艺术中常利用动态水景的形和声，配合灯光照明等设施，安放在某一空间的主景的位置，成为令人瞩目的视觉中心。

② 基底功能：当水面宽大形成面的感觉，有托浮水岸和水中景物并形成丰富倒影时，水面则承担了景观基底的功能。

③ 纽带功能：景观艺术中常用水体要素将各个散落的景点和空间连接起来成为统一的整体，此即水体的纽带功能（图8-22）。

④ 主题功能：现代景观中常有以水为主题，贯穿整个景观设计的主题公园景观形式。即各个景区均以水为主题，将水的各种形式和状态的表现手法融于一体，使水的特性发挥得淋漓尽致，同时又主题特色鲜明，如成都活水公园就是典型例证。

⑤ 限制视距功能：景观艺术设计为达到某一

图8-20　中国银行的户外水景，从理水的形式到容体的材质都与建筑裙房风格一脉相承/中国香港

图8-21　注重人的参与性的水景设计/美国芝加哥皇冠喷泉

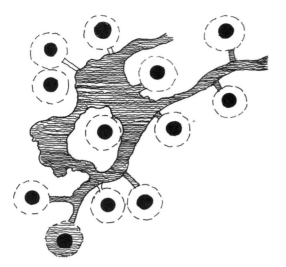

图8-22　水体的纽带作用

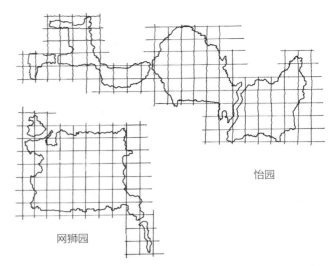

怡园

网狮园

图8-23　虽然怡园水体面积比网狮园的大出约1/3，但由于形态、聚分尺度的差异，给游人的感觉反不及其空旷而幽深

艺术效果，常采用强迫视距的处理手法，即利用水体、道路等迫使游人不得不经过或处于某一视点位置，从而观赏到主景最优美或最具震撼力的艺术构图效果。

（3）确定水体尺度、比例和具体形态

景观环境中水体的尺度与比例是需要重点控制和把握的。水面过小，会因局促而难成气候，水面过大，又会使空间显得散漫而空洞。水面的大小是相对的，相同面积的水面在不同的空间环境中，会给人完全不同的感觉，关键在于水面与空间环境的尺度要协调，比例要恰当。一般来说，小尺度的水面给人以亲切、宁静的感觉，较适合庭院、街头小游园等小型、安静的空间；大尺度的水面给人气势浩瀚、开放之感，强调公共性，更适合于大型城市广场或城市公园等。

除了水体面积之外，水体的形态也应与周边环境保持良好的关系，且应聚分有致。通常水面聚则宽广明朗，气势宏大；分则似断又续，与建筑、植物相互掩映，萦回环抱，景色幽深；时分时聚，且各水体面积相差悬殊，则易收到小中见大、变幻莫测的艺术效果。相同面积的水体会因其形态聚分之不同而形成迥异的空间氛围（图8-23）。在传统私家园林中，通常小园处理以聚为多，大园则有聚有分；现代景观艺术设计中，考虑到游人众多，故而在小型空间中，宜以分为主，主要采取瀑、溪、涧等线性水体偏于边角布置，而留出更多的用地供游人逗留，大型景观空间则可聚分结合。

（4）选择容体材料

容体材料的选择，一方面要全面考虑水体运动性质对容体材料的要求，以及考虑与周围环境之间保持积极的联系。另一方面，选择的容体材料要充分与空间环境和谐统一，应尽量使用乡土材料。

（5）分析观景状态

水体塑造的目的是利用水体的各种形态特征与环境景观相结合来影响人的情绪，通过感官给人们以心理和生理上的满足。分析观景状态，要求对场地进行细致的分析，对人的行进路线和心理行为（即观景状态）进行把握，选定出较好的观景位置，一来满足定点观景要求，二来满足动态观景要求，从而使人获得较好的视觉心理感受。

第三节　景观设施要素

景观设施是指景观环境中为人们活动提供条件或一定质量保障的各种公用服务设施系统，以及相应的识别系统。它是社会统一规划的具有多项功能的综合服务体系，比如信息设施（交通导视牌、导游图、信息亭、电话亭、邮箱）、卫生设施（垃圾箱、饮水器、公厕）、照明安全设施、娱乐服务设施（坐具、桌子、游乐器械、售货亭）、交通设施（巴士站点、车棚）以及艺术装置（雕塑、艺术小品）等。景观设施是根据不同环境的特点进行设计的，使公共环境具有真正的持久性和交流性。在城市公共空间中，景观设施又被称作"城市家具"，之所以被称为"家具"，是因为它们蕴含了人们对城市公共生活的憧憬，希望户外场所能像家一样方便、舒适。在设计学的其他领域中，又有把景观设施分成"公共设施"和"公共艺术"两个部分来讨论或介绍的，随着时代的发展，人们审美素质和需求的不断提高，许多公共设施同时承担了公共艺术的角色，本书把这两部分作为一个整体来介绍。

景观设施要素包含了休息设施、艺术装置、少儿游乐设施、服务设施及户外标识系统等。

一、景观设施要素的特点

1. 基本功能

景观设施以特定的形态满足人们的各种使用需求，直接提供使用、便利、安全、信息、健身游戏等服务，例如坐具满足休憩的需求、售货亭满足便利补给的需求、指示牌满足信息需求、公共艺术满足精神需求等。景观设施有的仅具有单一功能，而有的集多种功能于一身。景观设施在环境中并不是孤立存在的，通常是组合布置在一起，所形成的空间还具有诱导行为的作用，即供人们使用的同时，还能诱导潜在行为的发生，成为行为的促媒器、发生器。另外，景观设施充满个性的形态不仅给人们带来视觉上的享受，愉悦人们的身心，促发人们的交往热情，而且还是构成城市意象的生动节点。

2. 延伸功能

景观设施总是通过其形态、数量、空间布置方式等对环境要求给予补充与强化。它是功能与景观的综合，其体量、形式、轮廓线和色彩、结构、材料质感等构成要素，不仅给人们带来视觉上的享受，而且还营造了景观的环境氛围和意象（图8-24）。景观设施参与景观的构成，是景观环境中十分重要的"道具"，丰富了景观环境的形式内涵。

图8-24　景观设施参与景观环境氛围和意象的共同营造/美国波士顿

3. 功能性与装饰性兼具

景观设施要素的功能性主要包括划分空间、完善功能、营造意象、装饰环境，其往往通过拦阻、导向、划分、掩蔽、过渡、标示等不同方式表现出来，不仅定义和深化了景观环境的功能特征，而且确定了景观环境空间的秩序。有时它也可以成为异质空间的连接、过渡或衬托，使景观空间层次丰富，实现视觉和心理上的平衡，从而激发不同景观场所的活力。

装饰性是指景观设施以其形态、色彩等对环境起衬托和美化的功能特性，常常通过单纯的艺术处理或与环境的呼应来实现。一般而言，装饰性是景观设施的次要功能，但对某些以景观或独立观赏的公共设施而言，其装饰性则是主要的。这时的景观设施，可称为艺术装置。

二、休息设施的设计

1. 休息设施的一般设计要求

休息设施是为公众在景观环境中进行休憩、休闲及相关活动而设置的，目的是提高人们户外活动的质量，其功能范围非常广泛，包括体能的休息和思想交流、情绪放松、观赏美景等精神上的休息。休息设施主要包括可动式座椅、固定式座椅、休息亭等，是景观环境中使用频率较高的设施。休息设施的设计应体现以人为本的设计理念，充分考虑人的需求，体现社会对公众的关爱、促进公众间的交往；应通过选择适当的尺度、造型、色彩、材料质感等，体现现代设计的品位，促进人们的交流与休闲活动；同时应确保使用上安全可靠，结构易于维护（图8-25、图8-26）。

2. 休息设施的设计要点

休息设施是景观场所为人们提供休闲服务的不可缺少的设施，同时也可作为重要的装点景物进行设计。其一般设置在场地边缘，具有良好的观赏视景，便于人们隐蔽地观察周边的事物以及赏景、休息、读书、谈话、思考等活动的顺利开展，对于公共空间人气的形成具有积极的促进作用。

（1）座椅（具）

座椅（具）应设置在人群密度大的地点，但不能影响人流，其设置的方式和数量要根据所在环境和使用人群的数量来决定。景观场所中的座椅（具）可分为显性和隐性两类，隐性座椅（具）即与显性座椅（具）尺度相近的石块、台阶、花坛边缘、矮墙、护栏等。隐性座椅（具）的设置可使人流饱和时有充足的休息设施，而当人流稀少时，又不至于产生萧条、冷落之象（图8-27）。

座椅（具）的材料多为木材、石材、混凝土、陶瓷、金属、塑料、玻璃钢等，一般情况下应选择木材等具有亲切感、宜人性强的材质。座椅（具）的尺寸和形状应满足人体舒适度的要求（图8-28）。普通座面高38～40cm，座面宽40～45cm；标准长度以单人椅60cm左右、双人椅120cm左右、3人椅180cm左右为宜；靠背座椅的靠背倾角为100°～110°。

景观环境中，座椅（具）的设计也不能一味强调舒适性，有些需控制人流量的空间，舒适性则应适当降低。应依据景观环境设计的具体要求，判断

图8-25 利于人们交流和休闲，提供多种使用方式的休息设施/沈阳世博园

图8-26 防腐木质的休息设施令人产生亲切感/美国纽约

图8-27 隐性座椅（具）/新加坡

图8-28 由高狄设计的以高舒适度著称的休息设施/西班牙巴塞罗那圭尔公园

该座椅（具）对人的友好需求程度，从而选择相应的材质和形态、尺度。

座椅（具）设计也要充分考虑环境和场地的特性，与环境相呼应。坐具应尽可能与其他景观设施结合放置，例如候车亭、信息栏、花坛或饮水器等。

（2）休息亭

景观环境中供游人停留、休憩的，除了功能复合性较高的游客中心外，还需要设置一定数量的休息亭。相较于户外座椅（具），休息亭多了顶部的庇护而能遮阴避雨，为游人的活动提供了全天候的使用可能性；休息亭由于顶部空间的限定，使其空间介于室内和室外之间而属于模糊空间，如前文所述，模糊性空间在景观环境中更具吸引力；休息亭因其具有一定的空间体量，成为现代景观环境中重要的视觉元素，且为满足人们休憩、等候、交流和赏景的需求，其造型和色彩应以疏朗、简洁、明快为宜，切忌繁复；休息亭在景观环境中往往与空间中的主景呼应布局，成为空间景观结构中环绕主景的各层配景中较为重要的配景，或依据具体景观艺术设计的需要，与空间中的主要景物互为对景，因此，时常会成为空间中的亮点，其结构造型依托新材料、新技术的加持，而成为景观环境中公共艺术复合体的例子屡见不鲜（图8-29、图8-30）。

休息亭中的座具通常是固定的，具体设计要点同上文的休息座椅（具）。

三、艺术装置的设计

1. 艺术装置的特性

尽管艺术装置是景观设施的一种类型，但相对其他景观设施而言，其特指公共开放空间中的艺术创作与相应的环境设计。

艺术装置既有特定的实用功能，又在景观环境设计中承负着改善整体视觉关系的美化作用。也就是说，它往往不是单纯的艺术品的创作，而是环境设计中的造型问题。

艺术装置作为置身于景观环境中的作品，应该具有与公众产生交流的性质，它不能是完全独立的作品，要注重公众对作品的参与性、可及性等（图8-31）。公众在城市景观所营造地空间环境中，由被动地接受转换

图8-29 成为空间中亮点的休息亭/长春

图8-30 作为现代景观环境中重要的视觉元素的休息亭/上海 （摄影：Holi河狸景观摄影）

图8-31 艺术装置/法国拉·维莱特公园

为主动地参与，它给予了环境一种活力，使周围静止的空间活跃起来，给公众提供了一个与艺术装置交流的场所。艺术装置与公众之间的对话，注重作品与公众的互动关系，是景观设计中公共艺术创作的一个重要环节。在景观环境中，人的因素是公共艺术创作中不可忽视的关键，无论是尺度还是形式，都要特别注重与公众之间的关系。

2. 不同环境中艺术装置的特点

在不同的景观环境中的艺术装置应体现不同的特点。

① 自然景区：艺术装置一般表现为形式感强、高品质的艺术作品，以陶冶人们的性情。

② 密集的商业区：艺术装置一般表现为现代感强、开放性的雕塑。

③ 儿童游乐区：艺术装置一般表现为色彩鲜明、简单易懂的作品，供少儿玩耍。

④ 住宅休息区：艺术装置一般表现为亲切、轻松、愉快的作品，使得公众有一种休闲、放松的感觉。

⑤ 文化环境区：艺术装置一般表现为突出城市个性，升华历史文化价值和艺术价值的作品，以展现城市魅力。

3. 艺术装置的类型

① 雕塑：是一种立体造型艺术，是以物质实体性的形体塑造及空间表现确立艺术形象，借以反映社会生活、时代精神、表达创作主体的审美感受和审美理想。雕塑根据在景观环境中所起的不同作用，可分为纪念性雕塑、主题性雕塑、装饰性雕塑、陈列性雕塑和标识性雕塑等类型（图8-32）。

② 装置：装置即"装配"和"放置"的意思，是一种艺术的形式。装置艺术是艺术家通过有意识地组合、装配或放置，创作的具有含义的空间艺术造型。装置作品制造了一种环境氛围，作品的艺术性是通过整体环境的渲染而渗透给观众的（图8-33、图8-34）。

③ 壁饰：是通过种种工艺手段而完成的、与壁面背景融为一体的装饰。壁饰依墙而设，作为客体而依附于建筑主体上，成为景观环境空间的主要因素。壁饰除了具有自身的艺术价值外，亦是对环境空间艺术的补充。从其在景观环境中的作用来看，可分为功能型壁饰和纯装饰型壁饰。

景观艺术设计

图8-32　城市雕塑/深圳

图8-33　注重与公众的交流的装置艺术作品/瑞士巴赛尔

图8-34　装置艺术作品/美国

4. 艺术装置的布置要点

艺术装置是存在于景观环境空间的，具体布置时应考虑以下几点：

① 艺术装置应与景观环境的功能相一致。艺术品不仅应表现本身的题材，也应和环境的功能相协调。

② 艺术装置的大小、形式应与景观环境的尺度取得良好的比例关系。

③ 艺术装置的色彩、材质也应与环境统一考虑，形成一个协调的整体。

④ 在景观环境中的艺术装置是环境中的组成部分，对环境起优化、调节作用，但不一定是景观环境中的主体，在位置上不能喧宾夺主。

四、儿童游乐设施的设计

1. 景观环境中儿童游乐设施的设计趋势

景观环境中的儿童游乐设施，主要针对的活动人群为1~15岁的少儿。在20世纪的中国，儿童游乐设施几乎是清一色的工业化生产的成品，如跷跷板、秋千、滑梯等，随着时代的发展，这一现象已发生重大的转变，呈现出如下趋势和特点：

① 艺术装置化地打造地标性设施。经济的发展，全民美育意识的加强，使景观空间中的儿童游乐设施结合装置艺术和场地特征量身定制，成为空间中的视觉焦点，具有强烈的地标性，增强了场地的吸引力和归属感（图8-35）。

② 寓教于乐，科普性强。景观中的儿童游乐设施日益强调寓教于乐以及科学知识的普及教育，让儿童从玩乐嬉戏中认识自然，了解生态环境保护的重要性，同时激发儿童的好奇心，鼓励儿童的探险精神和互助精神。

③ 鼓励亲子互动。信息时代高强度的工作压力和节奏，使大量儿童的成长过程缺失了父母的陪伴和互动，影响到他们未来的人格健全。景观环境中，大量需要父母配合共同完成的儿童游乐装置便应运而生，这也潜移默化地影响着年轻一代父母的生活方式向更加健康的方向发展（图8-36）。

2. 景观环境中儿童游乐设施的设计要点

景观环境中儿童游乐设施的设计首先是要确保其安全性，应考虑儿童心智发育尚未成熟，在玩耍嬉戏的过程中时常会有突发性行为发生。安全性的考量涉及多个方面，主要包括设施结构的坚固耐用，材料的环保无毒且具有一定弹性和防滑性。儿童心理学和行为学研究表明，孩子更喜欢和年龄相仿的人一同玩耍，且不同年龄段的行为、体能及心智均存在较大的差异，故通常会针对1~2岁、3~6岁、7~12岁、13~15岁四个年龄阶段不同

人群的行为心理和兴趣特征，设计具有差异化的游乐设施，使不同年龄段的儿童分开活动，减少安全隐患。

其次，在色彩和造型方面，儿童游乐设施通常会选择单纯、明快的色彩，以及打破常规的造型和比例，以激发孩子们的想象力，营造活泼、自由的环境氛围（图8-37）。

图8-35　儿童游乐设施/美国芝加哥

图8-36　鼓励亲子互动的儿童游乐设施/成都

图8-37　色彩单纯、明快，造型打破常规的儿童游乐设施/成都

图8-38   结合自然与景观场地作一体化布局考量的儿童游乐设施/瑞士

再次，探索与躲藏是儿童心理的一大特征，通过多种手法营造安全、有趣的隐蔽空间有助于满足其躲藏游戏的兴趣需求及探索需求。

此外，在空间布局方面，儿童游乐设施一是要与家长的休息区保持恰当的距离，既方便家长监护，又让孩子有一定的独立和自由交往的空间；二是儿童偏爱能与自然环境亲密接触的场地，游乐设施宜结合景观场地作一体化的布局和考量，而不仅仅是生硬地摆放在景观空间中（图8-38）。

五、服务设施的设计

1. 服务设施的一般设计要求

服务设施是为公众在公共环境中进行活动提供各种便利和服务而设置的，包括通讯、购物、候车、查询、卫生等。其设施有信息标志、售货亭、邮箱、候车亭、电话亭、自行车架、自动售货机、公共厕所、广告塔等。

服务设施的设计要以人为本，充分考虑使用人群活动的需要，安全、耐用且有情趣。同时要与环境相协调，充分考虑地域场所的特性，通过形态、色彩、材料的协调搭配，形成特色鲜明的城市景观。

服务设施的位置和数量，要从人群公共活动的需求出发，合理设置；部分要与城市的给排水系统等其他公用设施系统统一考虑。应从环境及人群的要求整体规划，合理设计，明确标识，以便于使用、维护和管理，同时与环境相协调。

2. 主要服务设施的设计要求

（1）售货亭

售货亭是城市公共活动场所的销售服务设施，主要为了快捷而全面地满足景观场所中人们多样化的购物需求而设，多提供饮料、点心、快餐、水果、报纸书刊、工艺品等。售货亭主要设置于广场、步行街等人流量大的公共场所，一般造型灵巧，色彩鲜明，装饰别致，服务内容丰富，有的还具有地域特色。确定售货亭位置、面积、体量时，必须对其周边环境特点、消费群体的特征等做出全面的调查。其面积可大可小，一般2~3m^2。

售货亭主要分展示空间、销售空间和必要的储藏空间。设计时首先要考虑满足服务功能，通过采用通透的结构使其局部具有可视性和展示性，同时色彩及标识鲜明、识别性强。其次还要与环境相协调，并积极提升美学功能，形成景观特色。售货亭往往与休息椅、遮阳伞、垃圾桶等组合配置，形成休闲活动区域（图8-39、图8-40）。

（2）垃圾箱

垃圾箱的设置要根据公共环境中的人流量、一定

时间内垃圾的投放量和清除次数等具体情况而定。垃圾箱的材料一般有金属、木材、塑料、玻璃钢等。普通垃圾箱一般高60~80cm，宽50~60cm。

垃圾箱的设计必须首先考虑使用功能的要求，保证适当的容量，并便于投放与收集、易于清理、防雨防晒；要注重与周边环境相协调，其形态与色彩力求简洁、大方（图8-41、图8-42），富有时代感，同时保证有一定的注目性，便于视觉搜寻，应通过造型的新颖性、色彩或材质的对比等手法来增加人们对垃圾箱的关注和亲近感；要确保其使用材料的耐用性，结构可靠，易于安装和维护。

按照设置方法，可以将垃圾箱分为地面固定型、地面移动型、依托型等。

按照清理方式，可以将垃圾箱分为旋转式、启门式、套连式、悬挂式等。

图8-39　具地域特色的售货亭/上海新天地

图8-40　识别性强的售货亭/瑞士苏黎世

图8-41　注重与周边环境相协调的垃圾箱/上海

图8-42　形态与色彩简洁大方、富有时代气息的垃圾箱/上海

（3）公共厕所

公共厕所是景观环境中不可缺少的卫生设施，一般分为固定型和临时型（图8-43）。公共厕所间距的设置主要根据人流密度等确定，一般间距设置为700～1000m，商业空间间距设置为300～500m，人流高密度地区间距设置应在300m以内。

公共厕所的位置设置应与树木绿化、道路尽端或角落、建筑物等相结合，避免其在公共场合中过于突出。公共厕所的设计应简洁，减少不必要的装饰，使视觉上易于识别；应安全、卫生，易于清洁；要充分考虑易用性，从人机工程学的角度设置大小便位的尺寸和间距，临时性的公共厕所要便于运输和拆装；应考虑残障人士、老人、儿童等的使用，少用光滑材料，注意扶手的设置，内饰避免锐角的出现；要注重环保，考虑多采用节水装置，注意通风；配套设施应完善，常配有供纸、洗手盆、垃圾箱、烟灰缸、烘手器等。此外，其造型、色彩、材料的使用上应与周边环境、道路、建筑等相协调，出入口的视觉标志应明确。

六、户外标识系统的设计

户外标识系统其实也属于景观环境中的服务设施，因其作用于人的视觉感知的专门性，故单列出来详细说明。

户外标识系统是以提升公众活动的便利性与提高生活品质为导向，使环境、空间、景观设施与人之间形成良好的信息交流与沟通，实现景观空间领域的良性人机互动。

户外标识系统，从狭义的角度来看，是指用于户外空间信息传播的符号系统及其载体形式；而从广义的角度来看，它包括所有能对户外空间做出定义，传达特定空间概念的符号形式及其系统，包括建筑、景观和其他一切具有空间代表性的人造设施。

1. 户外标识系统的构成

户外标识系统有着明显的功能侧重与类型差别。一般可以分为三类：一是导向类视觉识别系统，其功能侧重于方向、位置的指导与相关的行动指令；二是公共类视觉识别系统，其功能侧重于更广范围内的公众日常行为的指令和公益性信息；三

图8-43　临时型公共厕所/瑞士巴赛尔

是传播类视觉识别系统，其功能侧重于描述性的传播与景观空间情境的营造。

（1）导向类标识

导向类标识的作用是向交通管理者和参与者提供高效、可靠、便利的信息服务。通用性和标准化设计是其特点。导向类标识包括警告标识、禁止标识、指示标识、让路标识和停止标识等（图8-44、图8-45）。

（2）公共类标识

公共类标识是使公众更加正确而有效地在特定公共空间进行各种活动。此类标识体现出强制性、功能性、引导性几种设计倾向。此类标识设计不单纯以视觉的方式发出指令，还要考虑如何与其所处景观环境的总体印象相符合，并以恰当的形式创新，争取关注与认同，形成和谐传播（图8-46）。

（3）传播类标识

传播类标识包括场所的识别与点缀、建筑物的识别与点缀和纪念性的标识。其功能主要是命名地址、定义空间和渲染气氛，通常采用富有意味的形式（图8-47）。

2. 户外标识系统的设计

标识设计需要整体地加以考虑。传达的目的与任务、传达的性质与类别、标识的建立是自成系统还是属于系统的一部分、所处空间对它的要求与限制、在不同环境中受众反映的变化等众多因素交错在一起，使标识设计成为系统性的形象。

图8-44　导向类标识1/浙江安吉

图8-45　导向类标识2/成都

图8-46　公共类标识/瑞士巴赛尔

图8-47　传播类标识/成都

（1）VI体系

　　企业视觉识别系统（VIS）是指围绕企业理念、企业宗旨、文化个性，对企业经营行为与环境的各个传播环节进行设计，系统地塑造企业个性化的视觉形象。视觉识别系统（VIS）的构建同样适用于更广范围的户外环境信息传达。视觉识别系统的核心要素是识别符号、专用色彩与专用字体。

（2）标识系统的应用场景

标识系统是景观环境的一部分，根据所处整体空间环境的功能特性与情境表达的需要，来采取不同的策略与载体形式。其应用场景包括机动车交通环境中的导向标识和步行环境中的导向标识。

通用公路标识是在一块面积较大的背景板上安排各种路况信息与交通指令。其中除了包括地名、公路名、方向等基本信息外，还可以包括简化地图、线路图等较为详细、具体的信息。

而步行环境中的标识更加注重受众的体验。步行环境具有适宜的空间尺度、允许放慢的解读速度以及信息的多元化、复杂化等特征。因此，此类导向标识首先会在功能性方面做出调整；其次，会向环境因素转化，并要求标识物有助于营造充满活力与情趣的城市景观空间，促进旅游、商业、休闲的发展，提升城市经济活力和文化艺术品位（图8-48）。

（3）标识系统的载体形式

标识系统的载体形式包括导向牌、环境地图、交通枢纽站牌、标牌、地标、纪念物标识、旗帜等。

其中导向牌的主要功能是位置与方向的指引，其载体还可细分为撑杆式、柱式、栏式、碑式、壁式多种。当简单的方向指引不能解决问题，就要借助于更为详细的定位与引导模式——环境地图。多元化、多层次的信息系统以地图形式展现主要依靠合理的图表设计语言。环境地图不同于普通地图或平面图，其特点在于尽可能满足快速的识别与阅读，因此对空间信息可作大幅度的归纳与整理。

七、其他设施的设计与选择

景观设施除去以上介绍的之外，还有许多种类别。下面重点介绍一下在景观设计中使用较多的两个设施：花坛和花架。

1. 花坛

花坛是景观设计中不可缺少的组景手段，强调观赏性，对于点缀景观、维护花木、突出环境意象等有很重要的作用。其设置要从环境周边的整体状况进行考虑，有的围绕建筑设置，有的沿道路广场周边设置。

花坛有移动式和固定式之分。移动式花坛较为灵活，有箱体、桶状、锥体等。材料一般有混凝土、木材、石材、塑料、金属等。固定式的花坛多与大型植物、公共座椅、台阶等相结合。

花坛的设计首先应考虑风格、体量、形状等方面与周围环境的协调性，花坛的体量、大小应与设置花坛的广场、广场的出入口及周围建筑的高低成比例。出入口设置花坛以既美观又不妨碍游人路线为原则，在高度上不可遮住出入口视线。花坛的外部轮廓应与建筑物边线、相邻的路边和广场的形状协调，造型简洁；色彩应与所在环境有所区别，既起到醒目和装饰作用，又与环境协调，融于环境之中，形成整体美（图8-49、图8-50）。

2. 花架

花架是由藤本植物与廊架结合而成的，造型多样，可组成较好的观赏性休闲空间，形成具有特色的城市景观。花架的结构要求安全、牢固，材料一般有竹材、木材、混凝土、金属等。通常要把花架作为景观环境中的一件艺术品，而不单作构筑物来设计（图8-51）。

图8-48　向环境因素转化的标识物/浙江

图8-49 灵活布置的沿街花箱/比利时

图8-50 简洁时尚的花坛/上海

此外，要根据藤本植物的特点、环境来构思花架的造型和比例尺度；根据藤本植物的生物学特性，来设计花架的构造、材料等。一般情况下，一个花架可配置一种藤本植物，也可同时配置2~3种相互补充。

常见的花架类型一般有双柱花架、单柱花架以及各种供攀援用的花墙、花瓶、花钵、花柱等。

双柱花架：类似以藤本植物作顶的休憩廊。供植物攀援的花架板，其平面排列可等距，一般间隔50cm左右，也可不等距，板间嵌入花架砧，取得光影和虚实变化；其立面不一定是直线的，可曲线、折线，甚至由顶面延伸至两侧地面。单柱花架：当花架宽度缩小，两柱接近而成一柱时，花架板变成

图8-51 深受当地人喜爱的花架廊/美国

中部支承两端外悬。为了整体的稳定和美观，单柱花架在平面上宜做成曲线型和折线型。

花架也时常结合坐具成为景观环境中休息设施的一种。

第四节 光影要素

光影要素包含了利用自然光及人工照明及其所产生的阴影所参与的景观构成活动。

一、自然光影与景观艺术

在景观艺术中，自然光与影的运用对于景观意境的创造有着重要的作用，它是反映景观空间深度和层次极为重要的因素。人们经历由暗到明或由明到暗以及半明半暗的变化时，会感觉空间放大或缩小，从而感受到特殊的空间气氛，即同一空间由于光线的变化，会给人不同的感觉。

景观艺术中常用光的明暗和光影的对比变化，配合空间的收放处理，来渲染空间氛围。而粉墙上的竹影、屋檐下的阴影、月下树木的碎影、栏杆上的花影等，可算是在景观艺术中最富浪漫情趣的空灵妙笔。实墙、栏杆、地坪本身无景可言，但在自然光的照射下，成为竹石花木的背景，无景的墙、地面上落影斑驳、摇曳多姿，恍然一幅绝妙的画卷，且随着日、月的转移，该阴影还会出现长短、正斜、疏密的不同形态的变化，传递出比实景更美妙的意境（图8-52、图8-53）。

图8-52　堆叠假山时，利用光影取得了白天也能看到水中月影的效果/扬州何园

图8-53　景观环境中生动、明艳的光与影/加拿大

二、灯光对于景观空间的积极作用

光环境设计，既是景观环境设计的一个重要组成部分，又具有相对的独立性。一方面人工光照环境服务于空间性质的揭示，另一方面又为环境注入新的秩序，提高环境的空间品质。灯光对于景观空间的积极作用主要表现为：

1．灯光对空间界面的调节

灯光除了其基本的使用功能外，对空间环境的界面的比例、形状、色彩等形态特征还起到视觉上的调节以及揭示作用。

（1）一般性揭示

景观环境空间的形态构成要靠灯光来呈现。空间的尺度、规模、形状及局部与整体、局部与局部中的构成关系等都要借助灯光，特别是具有一定照度、色彩特性的灯光得以显现。另外不同的功能、艺术要求的环境空间需要有与之相适应的光照环境，因此通过灯光的揭示，可以显现特定环境空间的功能关系和艺术氛围（图8-54）。

（2）方向性揭示

通过光照能在环境中造成一定秩序和视觉心理联系，使人们把注意力集中于环境视野中那些感兴趣的视觉信息。最典型的做法就是利用人的向光性将环境空间中的行为目的场所处理成视觉明亮的中心，使人产生方向的认识，对行为产生诱导。

（3）遮隐

"遮"的目的是对空间形态中不理想的部位用光照加以遮挡，以形成某一角度的视觉屏障；"隐"是利用加强局部的"视亮度"，使之与周围的环境形成很大的反差，从而"隐"去某些景物（图8-55）。

（4）质感、肌理的表现

灯光的照射直接或间接地影响材料表面的反射特征。如粗糙的质感在弱光下效果得以夸张，而在强光的直射下则受到削弱。另外，对于形体上不同的部分的同一质地，由于灯光的特征、作用部位等方面的不同，就会产生明暗变化和阴影，那么材料的表面就会产生形态的变化，在一定程度上改变了材料的视觉感受（图8-56）。

（5）对色彩的揭示

根据光环境的光色特征，其对景观环境既有忠实显色作用，又有效果染色功能，可以根据不同的要求，利用光色特征，加强景观环境空间的揭示与创造（图8-57）。

2．灯光对空间环境的再创造

灯光对空间环境的再创造，是通过灯光直接或间接作用于环境空间，以形成空间层次感来实现的。

图8-54　揭示景观形态的灯光/无锡南长街

图8-55　具有遮隐作用的灯光/无锡拈花湾

图8-56　揭示材料质地的灯光/无锡拈花湾

图8-57　具有染色效应的灯光/无锡拈花湾

（1）围合和分隔

通过围合与分隔，灯光对环境空间可以产生限定作用，这是在空间实质性界面对环境空间的限定基础上的再次限定过程。

围合是指灯光在母体空间形态中，能够限定出相对独立的次生空间（图8-58）。这是一种基本的限定方法，灯光要素能够形成两个以上的界面，是一种向心性的限定。分隔是灯光的要素将母体空间划分成两个或两个的部分，形成次生空间，灯光元素充当那些部分的界面构成。

（2）视觉中心

利用灯光的光色特征，使之相对独立于环境

第八章　景观艺术设计的基本物质要素及组织

图8-58　灯光限定次生空间/无锡拈花湾

图8-59　灯光突出视觉中心/无锡拈花湾

空间形态中，并成为视觉中心。其作用是在周围形成向心性，使之成为一定强度的"场"。如在环境中设置突出的灯具，使之成为空间的中心，对其周围的空间产生一定的向心力，空间感也随之产生，增加了空间的层次感（图8-59）。

另外，灯光的强弱变化、冷暖差异也能创造环境的空间层次感，这是由于强光的部分视觉清晰，而弱光的部分视感很模糊，这与距离远近变化的视感特征相似，因此利用灯光的强弱、冷暖的有目的控制与变化，可以产生深度和层次感。

景观艺术设计

思考与练习

1. 人工地坪铺装的材料、图案、尺度对人在环境中的行为活动有哪些影响？

2. 景观道路的设计与组织应注意哪些方面？

3. 简述水景要素的分类及各自的景观氛围意象。

4. 举例说明如何组织景观环境中的休息设施，以促进公共环境中人们的持久性和交流性。

5. 举例说明如何针对两种不同功能及环境的氛围特点，选择和组织要素的类别及尺度、形态、色彩与质地，使景观场所营造出恰当的环境氛围。

6. 举例说明如何设计具有生态特征的景观空间底界面。

当人们徜徉于外部公共空间时，除了交往的需求外，他们还在寻找什么？绝大多数的时候，人们是在寻找对于现代、冰冷、乏味的城市户内生活的补充——一种回归大自然的闲适、散漫的悠然，一种夹杂着泥土气息的芬芳，一种草长莺飞、四季更迭、生命涌动的景象，一份对于时光飞逝生命轮回的感悟……而植物则成为满足人们此种需求的最佳媒介，也因此成为景观艺术设计中最重要、应用最广、种类最丰、也最具亲和力的景观要素，并且是景观设计要素中唯一具有生命的基本要素。

第一节　概述

在现代城市景观中，如商业步行街、城市广场等，时常能看到植物要素点缀其间，发挥着重要的作用，而在景观艺术设计中以植物为主要设计要素进行景观艺术的创造的，则数现代园林设计最为典型。鉴于植物有别于其他建筑材料——具有生命的特征，因此在设计时，必须充分考虑植物本身的生长发育特点，以及植物间的相互关系及其与生长环境之间的关系，结合人们特定的功能需求，利用其姿态、色彩、气味等全方位特性为游人提供在视觉、触觉、嗅觉等方面对大自然的审美享受。

一、种植设计的作用

景观艺术设计中由植物构成的空间，无论是色彩、空间的景观变化，还是时间方面的景观变化，其丰富程度都是无与伦比的。在园林景观中，植物发挥着极为重要的作用，肩负着组景、分隔空间、装饰、防护、庇荫、覆盖和保持土壤等诸多用途。种植设计的作用具体可归纳如下：

1. 主景作用

植物材料可作主景，并可利用植物本身的色、香、形及季相变化创造出各种主题的园林景观，利用不同植物的色相配合可组成瑰丽、壮观的景象。作为主景的植物应具有一定的视觉稳定性。

2. 背景作用

在园林景观中，植物材料是最常见的背景材料，但通常应依据所要衬托的主景（或前景）的形式、尺度、色彩及质感等确定背景植物的体量、种类、色彩和种植密度，以确保背景及所要衬托的主景既具整体感，又有反差和对比。作为背景的植物应选用景象相对稳定、色彩较为单一、枝叶茂密的品种，以常绿树种为主，极少用花木。

3. 衬景作用

景观设计中，常用植物陪衬其他景观题材，如建筑、山石、水系、地形和构筑物等，使原本没有生命的主景显得更为生动，进而产生生气盎然的景象；同时，植物还能丰富建筑立面，软化过于生硬的建筑轮廓线，增加尺度感，同化杂乱景色。

4. 引导、遮挡视线

通过精心地组织和安排——有意识地引导和遮挡，植物材料还可用来增强景观空间感，并提高景物的视觉美感和空间序列的质量。为了加强主景物的焦点效果，可利用植物形成夹景，制造透景线；而依据植物遮挡程度的强弱，可形成完全遮挡、漏景、部分遮挡、框景等，起到"屏俗收佳"的艺术效果。

5. 组织、分隔、联系空间

植物具有灵活组织空间的作用。在许多不适合采用建筑材料划分空间的场合，以一种或多种植物材料的配合可以达到完全遮挡视线或似隔非隔等多重效果，以达到自然、柔性地分隔空间、增加空间层次感的目的；相反，当全园被分隔成若干独立的建筑、山水景观空间时，又可以利用大量同类或相似的植物配置加强彼此的联系，使人工与自然要素融合于统一的绿色氛围中（图9-1）。

将植物材料加以组织可形成不同的空间，其高矮、冠的形状、分枝点高低、疏密和种植方式决定了空间围合的强弱和性质。如乔灌木结合分层围合的空间较为封闭而内向，分枝点高于视高的乔木围合的空间形成只有顶界面和底界面的较为通透的空间，分枝点较低、冠较密且交错密植的植物围合的空间也较封闭等。

6. 创造意境

利用植物配置的各种手法，兼顾各类植物的自然特性和人文气质，可创造虚实、开合、动静、藏露、幽朗等对比效果，由此产生符合设计主题的不同意境。

7. 保持水土、调节小气候

种植植物是景观空间中创造舒适小气候最经济、最有效的手段。落叶乔木夏季的浓荫能为游人遮挡烈日骄阳，而冬天落尽枯叶的枝丫让阳光的温暖尽情撒向人间；常绿植物经过细心地安排，可以抵挡冬季的寒风，引导夏季的主导风向；植物根部吸收地下水，又通过蒸腾作用将水分蒸发到空气中，可增加景观环境的湿度；植物发达的根系，还有助于防风固沙、保持水土；另外植物对于环境中的隔声降噪、吸收大气中的有毒气体、降低城市中的光污染等也是十分有效的。

图9-1 何园/扬州

二、种植设计的基本原则

1. 符合用地性质和功能要求

在进行植物配置时，首先应立足于园林绿地的性质和主要功能。园林绿地的功能是多种多样的，功能的确定取决于其具体的绿地性质，而通常某一性质的绿地又包含了几种不同功能，但其中总有一种主要功能。例如：城市风景区的休闲绿地，应有供集体活动的大草坪或广场，同时还应有供遮阴的乔木和成片的层次丰富的灌木和草花；街道的绿化首先应考虑遮阴效果，同时还应满足交通视线的通畅；公墓的绿化，首先应注重纪念性意境的营造，大量配置常绿乔木。

2. 适地适树

适地适树是种植设计的重要原则。任何植物都有着自身的生态习性和与之对应的正常生长的外部环境，因此，因地制宜，选择以乡土树种为主，引进树种为辅，既有利于植被的生长，又是以最经济的代价获得浓郁地域特色效果的明智之举。

3. 配置风格与景观总体规划相一致

正如前文所述，景观总体规划依据不同用地性质和立意有规则和自然、混合之分，而植物的配置风格也有与之相对应的划分，在种植设计中应把握其配置风格与景观总体规划风格的一致性，以保证设计立意实施的完整性和彻底性（图9-2）。

4. 符合构景要求

植物在景观艺术设计中扮演着多种角色，种植设计应结合其"角色"要求——构景要求展开设计，如作主景、背景、夹景、框景、漏景、前景等。如前文所述，不同的构景角色对植物的选择和配置的要求也是各不相同的。

5. 合理的搭配和密度

由于植物的生长具有时空性，一棵幼苗经历几年、几十年可以长成荫翳蔽日的参天大树，因此种植设计应充分考虑远期与近期效果的结合，选择合理的搭配和种植密度，以确保绿化效果。如从长远来看，应根据成年树冠的直径来确定种植间距，但短期成荫效果不好，可以先加大种植密度，若干年后再间去一部分树木；此外还可利用长寿树与速生树结合，做到远近期结合。

植物世界种类繁多，要取得赏心悦目的景观艺术效果，要善于利用各种物种的生态特性，进行合理的搭配（图9-3）。如利用乔木、灌木与地被植物的搭配、落叶植物与常绿植物的搭配、观花植物与观叶植物的搭配等。当然，这些搭配并非越丰富越好，而应视具体的景区总体规划基调而定。此外，合理的搭配不仅指植物组景自身的关系，还包含了景与景、景区间的自然过渡和相互渗透关系。

6. 考虑季相变化，注重对比与和谐

植物造景最大的魅力在于其盎然的生命力。随着季节的转换、时间的推移，景物悄然地变化着：萌芽、展叶、开花、叶红、叶落、结果，不起眼的

图9-2 配置风格与景观总体规划风格一致的种植设计/瑞士

图9-3 合理的搭配可获得赏心悦目的景观艺术效果/德国

树苗长成参天浓荫……此消彼长，传达出强烈的时空感；植物优美的姿态、绚丽斑斓的色彩、叶片伴着风声雨声的和鸣、馥郁或幽然的芳香以及引来的阵阵蜂蝶调动着游人几乎所有的感知系统，带给视觉、嗅觉、触觉、听觉等全方位美的享受。因此，不同于其他景观要素相对单一和静态的设计，种植设计要全面、动态地把握季相变化，以及在时空变化过程中考虑植物观形、赏色、闻味、听声的对比与和谐，应保证一季突出，季季有景可赏。

第二节　植物的分类

园林植物是园林树木及花草的总称，其分类方式多种多样，最常规的分类方法是从方便种植设计角度的出发、依据植物的外部形态进行分类。园林植物通常被分为乔木、灌木、藤本植物、草本花卉、草坪和地被植物六类。

一、乔木

乔木一般都具有较大的体量，有明显的主干，分枝点较高。依据其高度的差异，乔木被分成小乔木（高5~10m）、中乔木（高10~20m）、大乔木（高度大于20m）；依据其叶片形状特征及四季叶片脱落的情况，乔木又可分为常绿阔叶植物、常绿针叶植物、落叶阔叶植物和落叶针叶植物四类。

乔木是园林植物中的骨干植物（图9-4、图9-5），无论在分隔空间、提供绿荫、调节气候、治理污染等功能方面，还是在结合丰富的季相变化达到景观的艺术化处理方面，都起到主导作用。

二、灌木

灌木没有明显的主干，多呈丛生状或分枝点低自基部。灌木又可分为大灌木（高度大于1.5m）和小灌木（高度小于1.5m）。

灌木长于提供尺度亲切的空间，利于屏蔽不良景物。大灌木因高于人的视高，常和乔木配合分隔限定较为私密的空间，而小灌木因低于人的视高，如同矮墙、篱笆一样，易形成半开半合的空间感。由于接近人的视线，灌木的花色、果实、枝条、质地、形态等对于景观的构成都很重要，而其中尤以开花类和观叶类灌木的观赏价值突出。灌木对于减轻辐射热、防止光污染、降低噪声和风速、保持水土等起到很大的作用（图9-6、图9-7）。

三、藤本植物

藤本植物是指本身无法直立生长，需要借助细长的茎蔓、缠绕茎、卷须、吸盘或吸附根等器官，依附其他物体或匍匐地面生长的木本或草本植物。某种意义上说，藤本植物是一类最经济的、既具功能性又具观赏价值的植物。藤本植物仅需较小的土壤空间，便可产生最大化的绿化和美化效果。它可以作为垂直绿化手段美化和软化城市的立交桥、陡峭裸露的挡土墙、生硬的建筑外立面；它可以形成绿屏划分空间，还可以形成绿廊、花架廊为人们提供良好的视景和片片荫凉；它还具备其他植物所具

景观艺术设计

图9-4　乔木1/加拿大

图9-5　乔木2/瑞士

图9-6　灌木1/无锡阳山桃花岛

图9-7　灌木2——迎春/无锡

备的生态防护功能，尤其在城市建、构筑物结构体系的防护及针对陡坡、裸露岩石土壤的绿化、调节小气候方面更是表现突出（图9-8、图9-9）。

四、草本花卉

草本花卉是指具有观赏价值的色彩鲜艳、姿态优美、香味馥郁的草本植物。根据其生长特性可分为一、二年生花卉，多年生花卉和水生花卉。草本花卉的观赏和应用价值最主要体现在花色种类的多样性上，通常与地被植物相结合，组成特色鲜明的平面构图，还可布置成花坛、花池、花境、花台、花丛等景观形式。草本花卉还具有保持水土、防尘固沙、吸收雨水等生态功能。

五、草坪和地被植物

草坪是指多年生矮小草本植物经人工密植、修剪后，叶色或叶质统一，具有装饰和观赏效果，或能供人休闲、运动的坪状草地。草坪是地被植物的一种，但因在现代景观中大量使用和地位显著而被单列一类（图9-10）。草坪是园林植物中养护费用最大的一类植物。

地被植物是指植株紧密、低矮，用于装饰林下、林缘或覆盖地面防止杂草滋生的灌木及草本植物。地被植物种类繁多，色彩斑斓，繁殖力强，覆盖迅速，维护简单，且是构成自然野趣景色的有效手段。

常用园林植物
一览表

草坪和地被植物均有助于减少地表径流、防止尘土飞扬、改善空气湿度、降低眩光和辐射热。

第三节　植物的生长与环境

园林植物与其生长环境是相互紧密联系的统一体，环境中的光照、温度、水分、土壤等更是植物生长必不可少的条件，它们直接影响着植物的生长发育。

图9-8　紫藤形成的花架廊/江阴

图9-9　在有限土壤空间生长的藤本植物/德国

图9-10　草坪/美国纽约中央公园

一、光照与植物生长

光是绿色植物最重要的生存条件，绿色植物通过光合作用将光能转化为化学能，为其提供生命活动的能源。光的强度、光质以及光照时间的长短都会影响植物的生长发育。

1. 光强度与植物生长

依据植物对光照强度的要求，可将其分为阳性植物、阴性植物和耐荫植物。

① 阳性植物：需光度为全日照的70%以上的光强，要求较强的光照，在林下不能完成正常的生长发育。在自然植物群落中，通常是上层乔木，包括大多数观花、观果类植物和少数观叶类植物。如：木棉、桃、杏、悬铃木、石榴、紫薇等（图9-11）。

② 阴性植物：需光度为全日照的5%~20%的光强，在较弱的光照下发育良好，遇强光会枯萎而死。在自然植物群落中，通常是中、下层乔、灌木或地被植物，主要是一些观叶植物和少数观花植物。如：兰花、常春藤、红豆杉、地锦、宽叶麦冬等（图9-12）。

③ 耐荫植物：需光度介于阳性植物和阴性植物之间，对光照强度的适应范围较大，全日照下生长良好，也能适应一定的庇荫环境。大多数植物属于此类。如：八角金盘、竹柏、罗汉松、桔梗等。

一般阳性树种多为速生树，生长速度快，但寿命比耐荫树种寿命短，因此在设计时，应注意树种的搭配适当。

2. 光照时间长短与植物生长

植物开花对不同昼夜长短的周期性适应即为光周期现象。光照时间的长短是影响植物开花的重要因子，依据植物对光照时间的要求，可将其分为长日照植物、短日照植物和中日照植物。

① 长日照植物：该类植物在开花前需要一个阶段，每天光照时数须超过14小时以上才能形成花芽，且日照时数越长开花越早，常起源于高纬度的北方。一般以春末和夏季为自然花期的观赏植物多为长日照植物。

② 短日照植物：该类植物在开花前需要一个阶段，每天光照时数少于12小时但多于8小时以上才能形成花芽和开花，常起源于低纬度的南方。通常早

图9-11　阳性植物——桃树

图9-12　阴性植物——棕竹

春和深秋为自然花期的观赏植物属于短日照植物（图9-13）。

③ 中日照植物：该类植物对光照时间的长短没有严格的要求，只要发育成熟、温度适宜，无论长日照条件或短日照条件下均可开花。

二、温度与植物生长

温度同光照一样，也是植物正常生长发育必不可少的环境因子。地球上的温度随海拔和纬度的变化而呈现很大的差异，而植被的生长发育过程和树

景观艺术设计

图9-13　短日照植物——菊花

图9-14　旱生植物——侧柏

种的地理分布，在很大程度上受温度的影响。温度对植物的影响是通过对植物各种生理活动的影响表现出来的，温度的变化直接影响着植物的种子发芽、光合作用、呼吸作用、蒸腾作用、根系对水分和矿物质的吸收。每种植物的生长都有最低温度、最适温度和最高温度，即通常所说的温度三基点。低于最低温度或高于最高温度，都会导致植物生理活动的停止。

　　植物随物种和发育阶段的不同，对温度的要求差异很大，但一般来说，大多数植物在0~35℃的温度范围内生长，且随环境气温的升高生长加速，随环境气温的降低生长减慢。当然特殊区域也有例外，如热带干旱地区植物能忍受的极限高温为50~60℃，而北方高山的某些植物，如雪莲，却能在雪地开放。

三、水分与植物生长

　　水是组成生命体的重要成分，植物体内含水量约占50%。植物正常的生理活动离不开水的参与，水分不足会导致植物枯萎，水分过度又会使植物根系因缺氧而发育不良，甚至导致因根系腐烂而死亡。

　　不同植物对水分的需求差异极大，即便是同类植物，在不同的生理周期、不同的季节、不同的树龄对水分的要求也有所不同。通常冬季因植物大多处于休眠状态，水分蒸发量少，所需水分也相对较少，而春夏季节，万物苏醒，随气温的上升，植物蒸腾作用加速，需水量自然增大。依据植物对不同含水量土壤的适应性规律，植物可分成旱生植物、湿生植物、中生植物和水生植物。

1. 旱生植物

　　该类植物能忍受长期的大气干燥和土壤干旱，并能维持正常的生长发育。此类植物大多根系发达、树形矮小、树冠稀疏，叶形小而厚或呈针状，叶片表面有厚厚的角质层或绒毛等，其生理特征十分有助于其减少体内水分的蒸发。高原、荒漠、沙漠等干旱地带的植物大多属旱生植物。如：仙人掌、白皮松、百合、黄连木、雪松、合欢、臭椿、柏木、紫薇等（图9-14）。

2．湿生植物

该类植物生长需要充足的水分，不能忍受干旱，甚至在土壤积水、根部浸在水中数月的情况下，依然能正常生长。此类树种常分布在浅水港湾、潮湿庇荫的热带森林中。如：落羽杉、池杉、垂柳、水杉、三角枫、黄花鸢尾、枫杨等。

3．中生植物

该类植物对水分的适应性介于旱生植物和湿生植物之间，一般陆生植物多属于此类。

4．水生植物

该类植物是指部分或全部必须在水中生长的植物。如：睡莲、荷花、浮萍、千屈菜等（图9-15）。

图9-15　水生植物——睡莲

四、土壤与植物生长

土壤是植物生长的基础，土壤提供了植物生长所需的水分、氮和多种矿物质营养元素，不同的土壤厚度、机械组成和酸碱度会对植物生长和分布产生不同的影响。自然界的母岩对于土壤的物理和化学性质有着重要的决定性作用，但在进行种植设计时，分析母岩最终还是要简化落实到其对土壤酸碱度的影响程度。根据植物对土壤酸碱度的适应性，通常将园林植物分为酸性土植物、碱性土植物和中性土植物三类。

1．酸性土植物

该类植物喜欢生长在pH＜6.5的酸性土壤中，在中性土壤（即pH在6.5～7.5）也能正常生长，但在碱性土壤难以存活。我国长江及其以南地区、北方海拔2500m以上高山地区自然分布的植物大都属此类。如：杜鹃、茉莉、栀子花、山茶、龙眼、荔枝、檵木、棕榈等（图9-16）。

图9-16　酸性植物——山茶

2．碱性土植物

该类植物喜欢生长在pH超过7.5的碱性土壤中，但pH超过8.5植物就很难生存了。常见的碱性土植物有：棉花、地肤、侧柏、向日葵、合欢、沙棘、火炬树、白蜡、芦苇、枣树等（图9-17）。

3．中性土植物

该类植物在pH为6.5～7.5的中性土壤中发育最佳，绝大多数园林植物属于此类。

图9-17　碱性植物——芦苇

第四节　植物的观赏特性

园林植物色、香、味、形的千姿百态和丰富变幻为大自然增添了神秘莫测的色彩和无穷魅力。从事植物景观艺术设计，首先应从把握植物的观赏特性入手，了解植物不同生长时期的观赏特性及其变化规律，充分利用植物花（叶）的色彩和芳香，叶的形状和质地，根、干、枝的姿态等创造出特定环境的艺术氛围。

一、色彩

色彩是景观世界在人眼中最直接和最敏感的反映，园林植物色彩的丰富程度是任何其他景观材料所无法企及的。不同的色彩在不同国家和民族有着不同的象征意义，不同的人对色彩也有不同的喜好。在人们的眼中植物的色彩是有感情的，不同的色彩有着不同的动静、冷暖、喜怒哀乐的指向，植物色彩在园林意境的创造、景物的刻画、景观空间的构图以及空间感的表现等方面都起着重要的作用。

植物的色彩主要指植物具有观赏性的花、叶、果、干的颜色，总结归纳起来主要可分为红、橙、黄、绿、蓝、紫、白七大色系。红色，引人注目，给人以热情、奔放、青春、艳丽、刺激、喜悦、充满活力之感，也有叛逆、动乱、不稳定之感；橙色，象征光明、温暖、欢欣，给人以健康、温暖、明亮、芳香、开胃之感；黄色，象征光明、高贵、神秘、希望、智慧和快乐，给人以纯净、明亮、灿烂、柔和、辉煌之感；绿色，象征生命、青春、和平和希望，给人以宁静、呵护之感，自然界中的绿色植物种类特别丰富，有浅绿、嫩绿、深绿、暗绿等，利用不同层次的绿色植物相组合，也能组成丰富而生动的景象；蓝色，是最典型的沉静色，是最具空间感的色彩，对于寂寞、神秘和空旷感的表现有着很强的感染力；紫色，象征女性、高贵、优雅、华丽，浅紫色给人以舒适和优雅之美，深紫色则象征阴影和夜色，给人以神秘感、忧郁感；白色，象征纯洁与神圣，给人以洁净、朴素、明亮、坦率之感，但也易使人联想到凄凉、苍白和虚无。

将植物的花、叶、果、干的颜色加以整理，可

以使我们熟悉各种色系常用的植物，对于种植设计无疑是很有帮助的。

1. 红色系

① 红色系观花植物：一串红、红花美人蕉、凤尾鸡冠花、菊花、东方罂粟、大丽花、兰州百合、千屈菜、芍药、郁金香、凤凰木、扶桑、木棉、红花夹竹桃、玫瑰、杜鹃、紫薇、桃、李、梅、榆叶梅、石榴、牡丹、蔷薇、山茶、月季、合欢、美女樱、宿根福禄考、十姊妹等。

② 红叶植物：红枫、紫叶小檗、五色苋等。

③ 春天红叶植物：五角枫、石楠、臭椿、香椿、黄连木、七叶树、山麻杆等。

④ 秋天红叶植物：元宝枫、火炬树、鸡爪槭、茶条槭、黄栌、爬山虎、五叶地锦、柿树、枫香、小檗、乌桕等。

⑤ 红色果实植物：石榴、小檗类、山楂、樱桃、金银木、火棘、枸杞、南天竹、丝绵木、平枝枸子、石楠、洒金珊瑚、海棠果等。

⑥ 红干植物：红瑞木、红桦、青刺藤、山桃、山杏等。

2. 橙色系

① 橙色系观花植物：万寿菊、金桂、菊花、美人蕉、金盏菊、半支莲、旱金莲、孔雀草、炮仗花、费莱、卷丹、银桦等。

② 橙色果实植物：橘、柚、甜橙、枸橘、秋胡颓子、柿树等。

3. 黄色系

① 黄色系观花植物：迎春、连翘、黄花夹竹桃、黄牡丹、玫瑰、郁金香、腊梅、唐菖蒲、向日葵、美人蕉、金钟花、大花萱草、宿根美人蕉、金鱼草、半支莲、大丽花、菊花、紫茉莉、栾树、金银木、结香、十大功劳、沙枣、月见草、三色堇、矮牵牛、西班牙鸢尾等。

② 黄叶植物：金叶女贞、金叶榕、金叶锦熟黄杨、金叶鸡爪槭、金叶小檗等。

③ 秋天黄叶植物：金钱树、无患子、鹅掌楸、洋白蜡、白桦、麻栎、加杨、槭树、水杉、槐、元宝枫、银杏等。

④ 黄色果实植物：杏、梅、枇杷等。

⑤ 黄干植物：连翘、金钟、金竹、黄皮刚竹、黄金间碧玉竹等。

⑥ 叶含黄色斑植物：洒金珊瑚、金心黄杨、金边黄杨、洒金柏、斑叶月桃、变叶木等。

4. 蓝色系

① 蓝色系观花植物：葡萄风信子、鸢尾、八仙花、瓜叶菊、马蔺、蓝雪花、蓝花楹、蓝刺头、乌头、翠雀等。

② 蓝色果实植物：十大功劳、海州常山等。

5. 紫色系

① 紫色系观花植物：紫茉莉、紫玉兰、美女樱、二月兰、紫荆、紫藤、丁香、木槿、木兰、德国鸢尾、石竹、沙参、泡桐、三色堇等。

② 紫色果实植物：葡萄、紫珠等。

③ 紫色叶植物：紫叶黄栌、紫叶李、紫叶小檗等。

6. 白色系

① 白色系观花植物：白牡丹、白玉兰、白丁香、白玫瑰、白花夹竹桃、金银木、白杜鹃、栀子花、白兰花、山茶、白碧桃、茶梅、木本绣球、天目琼花、木槿、香雪球、矮牵牛、菊花、玉簪、睡莲、蔷薇等。

② 白干植物：白桦、白皮松、核桃、银白杨、桉树等。

③ 白色果实植物：银杏等。

7. 绿色系

① 嫩绿叶色：多数落叶树的春天叶色，如：柳树、金银木、刺槐、洋白蜡、草地等。

② 浅绿叶色：一般阔叶落叶树及部分针叶树的叶色，如悬铃木、合欢、七叶树、银杏、玉兰、水杉、落叶松、元宝枫等。

③ 深绿叶色：一般阔叶常绿树的叶色，如枸骨、加杨、女贞、大叶黄杨等。

④ 暗绿叶色：常绿针叶树和花草类叶色，如雪松、龙柏、桧柏、油松、青杆、麦冬、葱兰等。

⑤ 蓝绿叶色：翠蓝柏、白杆等。

⑥ 灰绿叶色：银柳、秋胡颓子、羊胡子草、野牛草等。

⑦ 干绿色系：大多数竹类、梧桐、棣棠、迎春等。

二、形态

除了色彩对视觉感观的强烈冲击外，植物的根、干、枝、叶及其整体的形状与姿态也是景观世界营造意境、发人联想、动人心魄的重要元素。如同色彩在人眼中具有"情感"一般，植物的形态也传递着各种信息——或欢快，或平静，或散漫，或向上，或振奋，或凄凉，或抒情，或崇高，或柔美，或颓废等。某种意义上与其说是植物的形态，不如说是植物的情态更能体现植物形态对于景观设计主题及意境表现的意义。

1. 植物的姿态

植物的姿态是指某种植物单株的整体外部轮廓形状及其动态意象。植物的姿态是由其主干、主枝、侧枝和叶的形态及组合方式和组合密度共同构成的。园林植物物种千奇百怪，依据其动势总体概括起来可分为垂直向上型、水平伸展型和无方向型三类。

① 垂直向上型：此类植物生长挺拔向上，气势轩昂，强调空间的垂直延伸感和高度感，将人的视线引向高空，适合营造崇高、庄严、静谧、沉思的空间氛围，或与圆形植物或强调水平空间感的景物组合成对比强烈的画面，成为形象生动的视觉中心（图9-18）。

该类植物依据其具体轮廓形状又可细分成以下四类。

一是塔形。如雪松、南洋杉、龙柏、水杉、落

图9-18　垂直向上型植物——南洋杉

羽杉等。

二是圆柱形。如钻天杨、塔柏、北美圆柏等。

三是圆锥形。如圆柏、毛白杨、桧柏等。

四是笔形。如铅笔柏、塔杨等。

② 水平伸展型：此类植物或匍匐或偃卧生长，沿水平方向展开，从而强调了水平方向的空间感，起到引导人流向前的作用。与其他景观要素配合，可营造宁静、舒展、平和或空旷、死亡等气氛。因对于平面的图案表现力较强，常作为地被植物使用，且与垂直方向景观要素配合组景时更显生动（图9-19）。

该类植物又可细分成以下两类。

一是匍匐型。如葡萄、爬山虎、蟛蜞菊、地锦、野蔷薇、迎春等。

二是偃卧型。如铺地柏、偃柏、偃松等。

③ 无方向型：此类植物无明确的动势方向，格调柔和平静，不易破坏构图的统一，在景观设计中，常被用于调和过渡对比过分激烈的景物。此类植物大多拥有曲线形轮廓，有圆形、卵圆形、广卵圆形、倒卵圆形、馒头形、伞形、半球形、丛生形、拱枝形等，还包括人工修剪的树形，如黄杨球等（图9-20）。

当然植物的姿态并非一成不变，随着季节和树龄的变化，有些树种的姿态会发生改变，这是在设计中要注意和把握的。

2. 根的形态

园林植物中大多数的根都生长在土壤中，只有一些根系特别发达的植物，它们的根暴露在地面之上高高隆起、盘根错节，具有非常高的观赏价值，它们常因奇特的形态而吸引人们的眼球，成为景观场所中引人注目的视觉焦点。自然暴露的树根都是植物适应当地气候条件的自然生理反应。如榕树的枝、干上布满气生根，倒挂下来犹如珠帘，一旦落地又变成树干，形成独木成林之象，十分神奇；又如池杉的根为了满足呼吸的需要露出水面，像人的膝盖一样；黄葛树的树根盘根错节，遒劲有力，很是壮观（图9-21、图9-22）。

图9-19　水平伸展型植物——铺地柏

图9-20　无方向型植物——雨树

图9-21　盘根错节的广玉兰

3. 干的形态

植物具有观赏性的干的形态，或亭亭玉立，或雄壮伟岸，或独特奇异，其观赏价值的体现主要依赖树干表皮的色彩、质感及树干的高度、姿态。如紫薇的干光滑细腻、白皮松平滑的白干带着斑驳的青斑、佛肚竹大腹便便、青桐皮青干直、龙鳞竹奇节连连、白色干皮的白桦亭亭伫立、紫藤的干屈曲光滑等（图9-23、图9-24）。

4. 枝的形态

植物枝的数量、长短、组合排列方式和生长方向直接决定了树冠的形态和美感（图9-25）。植物形态的千变万化关键在于树枝形态的多样化，树枝形态可大致分为五类。

① 向上型：榉树、龙柏、新疆杨、槭树、白皮松、红枫、泡桐等。

② 水平型：雪松、冷杉、凤凰木、落羽杉等。

③ 下垂型：龙爪槐、龙爪柳、垂柳、垂枝榕、垂枝榆、垂枝山毛榉等（图9-26）。

④ 匍匐型：平枝栒子、偃柏、铺地柏、连翘等。

⑤ 攀缘型：五叶地锦、紫藤、凌霄、金银花、牵牛等（图9-27）。

5. 叶的形态

园林植物的叶形也十分丰富，有单叶和复叶之分。单叶的形式有近二十种之多，其中观赏价值较高的主要是一些形状较为特殊或较为大型的叶片，如掌状的鸡爪槭、八角金盘、梧桐、八角枫，龙鳞形的侧柏，马褂形的鹅掌楸，披针形的夹竹桃、柳树、竹、落叶松，针形的松柏类，心脏形的泡桐、紫荆、绿萝等。复叶的形式可分为四类：奇数羽状复叶，如国槐、紫薇；偶数羽状复叶，如无患子、香椿；多重羽状复叶，如合欢、栾树；掌状复叶，如七叶树、木棉。除特殊的叶形具有较高观赏价值外，叶片组合而成的群体美也是十分动人的，如棕榈、蒲葵、龟背竹等。一些大型的羽状叶也常带给游人以轻松、洒脱之美（图9-28、图9-29）。

三、芳香

景观艺术设计由于有了植物材料的介入，使我们的审美感知系统不仅仅停留在视觉和听觉上，更

图9-22　独木成林的榕树

图9-23　干部屈曲光滑的紫薇

图9-24　挺拔伟岸的王棕

是拓展到了嗅觉上。对于园林植物嗅觉的感知和享受是更高层次的、更易唤起人们心灵深处感应的审美活动，阵阵幽远的清香沁入心脾，会唤起人的绵绵柔情和美好的回忆，产生神清气爽、心情欢愉之感。芳香，作为看不见摸不着的景观媒介，为人带来更广阔的想象空间，如同一根看不见的指挥棒，引导着人们"走进"设计师预设的审美意境。

图9-25　植物的枝

图9-26　垂枝型的龙爪槐

图9-28　风格多样的叶形

图9-27　攀缘型的凌霄

图9-29　旅人蕉的风姿

植物的芳香可分为植物自身分泌的芳香和花朵的芳香两大类。自身分泌芳香的（包括草坪和树叶的清香在内）植物有香樟、松、柑橘、肉桂、月桂、山胡椒、八角、芸香等；花香植物有丁香、桂花、香雪海、白兰花、含笑、茉莉、玫瑰、月季、米兰等。

四、质地

植物的质地是指叶和小枝的大小、形状、密度以及排列方式、叶片的厚薄、粗糙程度、边缘形态等。植物的质地通过视觉或触觉（主要是视觉）的感知作用于人的心理，使人产生十分丰富而复杂的心理感受，对于景观设计的多样性、调和性、空间感、距离感以及观赏氛围和意境的塑造有着重要的影响（图9-30）。质地可分为细质型、中质型和粗质型三类。

1. 细质型

此类植物叶小而浓密，枝条纤细不明显，树冠轮廓清晰，有扩大距离之感，宜用于局促、狭窄的空间，同时因外观文雅而细腻的气质，适合作背景材料。如：地肤、野牛草、文竹、苔藓、珍珠梅、馒头柳、北美乔松、榉树等。

图9-30　通过不同质地植物的组合，创造景观的多样性、调和性、空间感、距离感以及预期的观赏氛围和意境/无锡渤公岛

2. 中质型

此类植物是指具有中等大小的叶片和枝干及适中密度的植物。园林植物大多属于此类。

3. 粗质型

此类植物通常由大叶片、粗壮疏松的枝干及松散的树形组成给人粗壮、刚强、有力、豪放之感，由于具有扩张的动势，常使空间产生拥挤的视错觉，因此不宜用在狭小的空间，可用作较大空间中的主景树。如：鸡蛋花、七叶树、木棉、火炬树、凤尾兰、广玉兰、核桃、臭椿、二乔玉兰等。

第五节　植物种植的基本形式

从景观设计的造景方式和造景目的来划分，植物的种植形式大致可分为孤植、对植、列植、丛植、群植、林植和篱植。

一、孤植

孤植是指植物孤立种植的方式。孤立种植并非单株种植，也可以是两三株植物紧密组合成一个单元的种植方式。孤植树最主要的作用有两个方面，即充当园林构图的主景和提供庇荫。此外，也可以布置在道路或河流的焦点或转折处，起到诱导游人的作用。

孤植树的选择应依据其所起作用和所处空间的尺度而定。当作为庇荫树时，应选择树形高大、分枝点高、树枝开展、冠大荫浓、寿命长、虫害少的树种，如悬铃木、香樟、榕树、栎树、银杏、黄葛树、榆树、槐树、核桃等，一般采用单株孤植；当作为景观空间的观赏主景——孤赏树时，应选择姿态优美、开花繁茂或叶色鲜明、特色显著、寿命长的树种，如苏铁、雪松、南洋杉、鸡爪槭、凤凰木、樱花、碧桃、木棉、玉兰、乌桕、胡颓子、银杏、白蜡、枫香等。

孤赏树的观赏需要保证一定的观赏视距，因此其周围应留有一定的空间。一般孤赏树适于布置在空旷的草坪、林中空地、开阔的水面、广场、庭院、路边、田边、高地等空间中。作为草坪主景时，切忌将树布置于草坪中央，而应偏于一端的自然构图重心上，更显生动（图9-31）。布置在开阔空间的孤赏树，应选择体型高大的树种，且色彩应考虑与周边环境的协调；布置在狭小空间的孤赏树，则应选择树形小巧玲珑、姿态优美潇洒、色彩鲜艳、气味芳香的树种，最好是观花或观叶植物，如鸡爪槭、白玉兰、红枫等。

二、对植

对植是指将两株或两丛相同或近似的树，依照某一轴线，作对称或均衡的种植方式。对植不同于孤植，一般不作主景使用。对植可分为对称性对植和不对称性对植两种。对称性对植要求选用同一树种、同一规格的树木，依主体景物的轴线作完全对称的种植，一般采用树冠整齐的树种，通常运用于较为庄重的建筑物入口或园林、居住、办公等区域规则式布局入口的两侧（图9-32）。不对称性对植又称自然式对植，是在主景轴线两侧采用两株同种树或两组相近树丛（可内含两种近似树种）作构图均衡的种植，轴线两侧的树木体量、形态、动势不能相同，离中轴的距离也有远近之别，但相互间要围绕中轴作向心的呼应，要产生形神相和的效果，且较大一株（组）要适当靠近中轴，较小一株（组）要相对远离中轴，以达到类似力学上的杠杆平衡效应，即美学上的构图均衡性。不对称性对植常用于小型或休闲性建筑的入口及自然式布局的园林入口的两侧，还可用于桥头、蹬道、河道的入口等需要自然式栽植作诱导的部位。

三、列植

列植即将同种同龄的树木依照一定的株距和行距，成行成带的种植。列植形式比较单纯、整齐、有气势，常用于规则式园林、道路、广场等。一般情况下，列植的株距为乔木3~8m、灌木1~5m。株距小时，树木相互关系紧密，起到分隔空间的作用。列植应选择树冠和体形较整齐的树种，而不选枝叶稀疏、树冠不整的树种。

列植有等行等（株）距和等行不等（株）距之分，前者多用于规则式景观种植，后者从平面上看呈不等边三角形或不等边四边形，常作为规则式景观向自然式景观地带的过渡处理（图9-33）。

图9-31　充当草坪主景的孤植树/瑞士苏黎世湖公园

图9-32　对植

图9-33 列植

四、丛植

丛植是由二至十几株同种或异种乔木，或乔、灌木组合而成的树丛，是兼顾树木群体美和个体美的综合表现方式。在功能上，树丛除了作为园林构图的骨架外，还具有主景作用、诱导作用、配景作用和蔽荫作用。作蔽荫作用时，一般采用单纯树丛形式，少用灌木；作主、配景作用和诱导作用时，则多采用乔、灌木混交树丛。

在设计中要重点把握植物的株间关系和种间关系。株间关系即植株的疏密、远近关系；种间关系即不同乔木以及乔、灌木之间的搭配。处理株间关系应把握总体适当密植，局部疏密有致，使之成为统一整体的原则；处理种间关系应把握乔木与灌木、阳性与阴性、速生与长寿有机的组合，使之成为相对稳定的生态树丛。

2株配置的树丛，应尽量选择相同树种或外形近似的树种相组合，且株间关系要紧密，一般株距不超过树冠直径的1/2，最好要比小树冠小得多，产生连理枝之感，且二者不宜完全相同，应在动势、姿态、体量等方面有所差异，形成一仰一俯、一倚一直、一左一右、一老一少，同时顾盼有情、相互呼应的生动画面（图9-34）。

3株配置的树丛，树种不宜超过两种，其株间关系应呈不等边三角形，最小株应靠近最大株，且小株在前，以形成母子相依之状，中等株离最大株稍远，但最大株应在中间。当采用常绿植物与落叶植物相配合时，最大株或最大株与最小株应为常绿植物。

4株配置的树丛，株间关系应呈不等边三角形或四边形。将4株树从大到小依次编号为①至④号。当株间关系呈现不等边三角形时，①号应布置在不等边三角形的重心位置，④号应在离重心最近的顶点上，②号在离重心最远的顶点上，③号设在剩下的顶点位置；当有两种树种时，可选择①或①④或①③④为常绿或较为挺拔、稳定的树种，其余的为落叶的或姿态、色彩较为丰富的树种。当株间关系呈现不等边四边形时，应将①号布置在不等边四边形的最大钝角的顶点上，④号应在离①号最近的顶点上，②号在离①号最远的顶点上，余下的顶点布置③号。当有两种树种时，可选择①③④或①②④或①③为常绿或较为挺拔、稳定的树种，其余的为落叶植物的或姿态、色彩较为丰富的树种（图9-35）。

掌握以上规律后，5株可分解为3株和2株或4株和1株的组合，但1株不能是最大株或最小株。6株、7株等可以此类推。随着株数增多，树种可以适当增加，但10~15株内，外形相差较大的树种最好不超过5种。

图9-34 2株配植

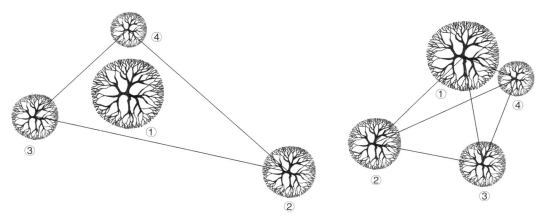

图9-35　4株配植示意图

五、群植

群植是由二三十株或以上的乔、灌木混合成群，栽植而成的树群，主要表现植物的群体美。如同孤植树或树丛一样，树群也可起到作为景观空间中的主景、障景或分隔空间的作用。当作为主景时，要在树群前方留足观赏空间，即达到树高的三倍、树宽的一倍半距离以上。

群植一般不考虑游人的进入，而是注重观赏效果，因此最好采用郁闭的形式。群植可分为单纯树群和混交树群。单纯树群由单一树种组成，下部往往采用宿根类、多年生草花作地被，给人以单纯、宁静、雄伟之感。混交树丛是树群的主要形式，在配置时要注意林冠线和林缘线的优美和色彩季相的变化。通常高大喜光、树冠姿态丰富的乔木居于中央，开花繁茂或叶色美丽的亚乔木居于四周，大、小花灌木在外缘，耐阴的草花和地被植物作铺陈。树群组织切忌成行、成排列植，应遵循不等边三角形原则，且应内密外疏，立面不宜呈机械的金字塔形，在外部边缘可适当配置一两个树丛和孤植树。

六、林植

林植相对于群植来说，其乔、灌木数量规模更大，以至于形成林地，通常布置在风景区、大规模公园的安静区、休疗养院等空间中。林植不同于群植，其间应考虑游人的进入及树林内部空间、色彩季相的变化、意境的营造等。林植可分为密林和疏林，通常密林的郁闭度为0.7~1，而疏林的郁闭度仅为0.4~0.6。

林植与群植一样，有单纯树林和混交树林之分，混交树林林缘的垂直变化依然要求分层突出，只是更关注游人游览路线两侧的景物组织，不能过于密闭，且应留出一定的透景面、漏景及若干林中空地，组织成丛低矮芳香的花灌木、地被植物制造森林野趣的多变氛围，达到引人入胜的艺术效果。

疏林因兼享绿荫和阳光及其透过树叶的缝隙展现的斑驳奇特的光影效果以及多处的林中空地而成为最受人们青睐的种植方式。疏林对于树种的选择有别于密林，一般应选择姿态优美、具有较高观赏价值、树冠较大、分枝点较高、树枝线条多变、树荫稀疏、生长强健的树种。疏林的种植应三五成群、时断时续、错落和疏密有致。林下草坪应选用耐践踏、含水少、绿色期长的草种，除作观赏之用的缀花草坪外，一般不设人工小路（图9-36）。

七、篱植

篱植是利用乔、灌木密植成为结构紧密的篱垣的规则式种植方式，也被称为绿篱（图9-37）。绿篱的分类方式很多，依据功能和观赏性可分为常绿篱、果篱、花篱、编篱、刺篱、蔓篱、落叶篱等。为便于种植设计，通常依据绿篱高度对人的视线及行为的制约程度将其分为：绿墙（>1.6m）、高绿篱（1.2~1.6m）、矮绿篱（<0.5m）及需要人费劲才能跨越的中绿篱。绿墙株距一般为100~150cm、行

图9-36 疏林草地/加拿大

图9-37 篱植功能的综合运用/泰国东芭乐园

距为150～200cm；绿篱株距一般为30～50cm、行距为40～60cm。

景观设计中篱植的作用主要可归纳为：

① 代替冰冷生硬的建筑材料范围场地、限定用地边界、组织游览线路。

② 分隔空间、屏障视线、组织夹景、强调主题。

③ 作为花镜、喷泉、雕像以及其他园林小品的背景。

④ 矮绿篱可作规则式园林中的模纹图案、色带和范围花境的边缘。

⑤ 利用绿篱的灵活种植和整形技术，可构成高低起伏的自由曲面和绵延不断的园林景观。

⑥ 可美化挡土墙及建筑、花架廊等的墙基。

第六节 草花的种植设计

草花因其种类繁多、色彩绚丽，对于烘托景观气氛、丰富园林景色有着独特的效果，常被用于重点装饰和色彩构图。草花的种植依据其布置方式，大致可分为如下几种形式。

一、花坛

花坛是在一定范围内按照整形或半整形的图案来栽植观花、观叶植物，以表现其群体美的园林设施。花坛中一般选择植株低矮、花期集中、株形紧密而整齐、花或叶观赏价值高的植物种类。花坛需要色彩鲜艳，轮廓整齐，主要采取规则式布置，且可分为点状的独立花坛、带状的连续花坛和成群组合的花坛群。独立花坛常作为广场、道路中心、规则式园林构图中心的主景，色彩丰富、夺人眼球。游人一般不能进入独立花坛中，考虑人眼的分辨率受观赏距离的限制和经济等因素，其面积不能过大，一般直径不超过10m（图9-38）。带状的连续花坛和花坛群通常作为配景，起到装饰建筑的墙基

或道路的边缘、烘托盛大的节日气氛或突出主景的作用，应注意不能喧宾夺主（图9-39）。

依照其用材的不同，花坛可分为模纹花坛、花丛花坛和混合花坛。模纹花坛运用生长矮小、萌蘗性强、枝密叶小、生长缓慢、花叶兼美的草本植物组成华丽的图案纹样，主要表现图案纹样的主题，因此最宜居高临下地观赏（图9-40）；花丛花坛以一二年生的草花为主，以表现草本花卉盛花期花卉自身华丽的群体美为主题，并以色彩构图为主，达到见花不见叶的效果；混合花坛是前两者的组合，兼有精美的图案和华丽的色彩（图9-41）。

花坛常用的草本植物有五色苋、雀舌黄杨、金鱼草、雏菊、金盏菊、翠菊、百日菊、鸡冠花、石竹、矮牵牛、一串红、万寿菊、三色堇、风信子、郁金香、水仙、福禄考等。

配置花坛时应注意风格和外形轮廓应与周围环境相适应，色泽与纹样要有对比。图案复杂时，色彩要简单；花色绚丽时，纹样要简洁。陪衬花色要单一，每种同色花卉要集中成块布置，不能混杂；

图9-38 独立花坛/比利时布鲁塞尔

图9-39 带状花坛/沈阳世博园

图9-40 模纹花坛/泰国东芭乐园

图9-41 混合花坛/泰国东芭乐园

花坛中心宜布置高大的花种，边缘宜布置草本常绿植物或矮小的灌木绿篱作镶边。花坛种植床一般高出周围地面7～10cm，且保持5%的排水坡度；种植土壤的厚度因物种不同而不同，一般一二年生的草花为20～30cm，多年生花卉及灌木为40cm。

二、花境

花境是多种花卉采取自然式块状混交方式，并布置成带状的种植方式。其重点表现花卉群体的自然景观而不强调平面几何图案，在平面上与带状花坛相近，而在立面上前低后高相互映衬，是规则式景观构图向自然式景观构图过渡的一种种植形式。花境的选材以能越冬的花灌木和多年生草花为主，要求四季有景可观（图9-42）。

花境可布置成双面式设于道路中央，也可以单面坡形式设于道路两侧或建筑物与道路之间，供人观赏。

图9-42 花境/巴黎

三、花台与花池

花卉的种植槽，低者为花池，高者为花台，其形式很多，传统园林以单个的花台、花池居多，而现代园林景观又发展了大量与休息椅、护栏等设施相结合的组合式花台和花池。花台由于抬高了种植床，缩短了观赏视距，应选用姿态优美、花色艳丽、花香浓郁的草花或较为矮小的花木。

四、花丛

花丛是将自然风景中野花散生于草坡上的景象应用于园林景观中的布置方式，规模几株到十几株不等，从平面到立面构图都采用自然的形式种植。花丛中常用多年生且生长旺盛的花卉，也可用自播繁衍的一二年生的草花；可以单一种类，也可以多种混交，但品种不宜过多，应少而精。混交花丛应采用块状混交，要注意疏密、大小、形态、色彩、断续的变化。花丛常布置在林地边缘、自然式道路两边、草坪四周、树丛下、疏林草地间，为景观增添了一份野趣和生动景象。

第七节　草坪的种植设计

一、草坪的作用

在景观艺术设计中，草坪最为突出的艺术价值在于为景观提供了具有生命的底色，它能将所有景物统一协调起来，增加空间的明朗度，天空、水体、乔木、灌木、花卉、山石和建筑、雕塑因为有了它的映衬，更加光彩夺目，景观空间由于它的调和，更显整体和完善；草坪最为突出的使用功能在于为男女老幼提供了纵情欢乐的游戏场地和清洁舒适的理想的户外休息场地，以及满足了游人观赏景物和风景的视距要求。此外，草坪覆盖了裸露的土壤，减少了风沙尘土，增加了空气湿度，降低了地表温度和地面辐射热，净化了空气，且绿草如茵本身便已提供人们赏心悦目的视觉享受。因此，草坪空间已成为现代景观设计的重要组成部分。

二、草坪的分类

草坪的分类方式是多种多样的。依据规划设计的形式可分为规则式草坪、自然式草坪；依据使用方式可分为游憩草坪、运动场草坪、观赏草坪、交通安全草坪、保土护坡等草坪；依据植物组成成分可分为纯一草坪、混交草坪和缀花草坪；依据草坪草种的季相特征可分为冬绿型草坪、夏绿型草坪和常绿型草坪；依据与树木组合方式的不同可分为空旷型草坪、封闭型草坪、开朗型草坪、稀树草坪、疏林草坪和林下草坪。

三、草种的选择

草种的选择应依据其环境条件和功能要求而定。根据草种对生长温度和分布地域的不同要求，可分成冷季型和暖季型两大类。

冷季型草又称寒地型草，其主要特征是耐寒性强，在部分地区冬季呈常绿状态或短期休眠，不耐夏季高温湿热。冷季型草在春秋两季最宜生长，适合我国北方地区和部分南方夏季冷凉地区。常用的冷季型草种有：草地早熟禾、加拿大早熟禾、林地早熟禾、高羊茅、草地羊茅、细羊茅、紫羊茅、多年生黑麦草、匍匐剪股颖、猫尾草、洋狗尾草、羊胡子、卵穗苔草、细弱剪股颖。

暖季型草又称夏绿型草，该类草种早春返青复苏后生长旺盛，进入晚秋遇霜茎叶枯萎，冬季进入休眠状态，最喜生长在温度为26～32℃的夏季。该类草种在我国生长在黄河流域以南的华中、华南、华东、西南广大地区，而其中部分适应性较强的种类如野牛草、结缕草、中华结缕草等在华北也能生长良好。常用的暖季型草种有：狗牙根、野牛草、结缕草、中华结缕草、地毯草、细叶结缕草、假俭草、天堂草、丝带草、两耳草、竹节草等。

不同功能的草坪对草种有着不同的要求。观赏类草坪，要选择植株低矮、叶片细小美观、叶色翠绿且绿叶期长的草种，如天鹅绒、马尼拉、早熟禾、紫羊茅等；游憩活动草坪和运动草坪，要选择适应性强、耐践踏、耐修剪的草种，如狗牙根、野牛草、结缕草、马尼拉、早熟禾等；护坡草坪，要选择适应性强、耐干旱、耐瘠薄、根系发达的草种，如结缕草、白三叶、假俭草、百喜草等；湖畔水边应选择耐水湿的草种，如假俭草、两耳草、细叶苔草、剪股颖等；树下及庇荫处应选择耐荫草种，如两耳草、细叶苔草等。

四、草坪的坡度要求

几乎所有的草种都喜欢在排水良好的土壤中生长，因此草坪需要保持一定的坡度以利于排水，当然草坪的具体坡度要视草坪的功能和用地条件而定。从水土保持的角度来看，为避免水土流失，草坪坡度不宜太陡，应控制在土壤自然安息角的30°之内，倘若超过则需要采用其他加固措施。作为运动草坪，在满足草坪排水的条件下，越平整越好，自然排水坡度为0.2%～1%，若场地具有地下排水系统，则坡度可以更小些；一般网球场为0.2%～0.8%，足球场为1%，高尔夫发球区、球穴区草坪坡度小于0.5%、障碍区则起伏多变，坡度可达15%或更高。规则式游憩草坪坡度以0.2%～5%为宜，而自然式游憩草坪坡度以5%～10%为宜，通常不超过15%。观赏草坪坡度则较为自由，在解决排水问题的前提下，可以根据设计立意而定。

五、草坪空间氛围的组织艺术

在景观空间中可以发现，草坪从来都不是孤立的，它总是与树木、花草、建筑等组合成或空旷，或封闭，或开朗的氛围各异的活动空间，这样的组合并非随机和偶然，而是设计者依据设计的总体构思和立意，为同时满足个别游客和众多游客的需要，利用多姿多彩的树木花草和起伏多变的地形等

有意识地对草坪空间进行合理的围合或划分，以创造某种景观或特殊的环境氛围。

草坪的空间氛围首先体现在由不同形态、色彩的植物所构成的空间感中，而由草坪的宽度、树木高度及游人所处的位置所决定的空间比例对空间感有着重要的影响，同时，草坪中的植物群落的层次丰富程度、边缘树丛林缘线的弯曲形态以及林冠线起伏、藏露的处理对于草坪空间氛围的组织也有着直接的影响（图9-43）。

1. 开阔的草坪空间感

欲营造开阔的草坪空间感，首先需利用地形、树木等园林造景要素组织一定的透景面；同时草坪周围应选择树冠庞大、树形高耸的树种种植在草坪宽阔的边缘，以体现一定的气势，边缘树丛林缘线要曲折，造成前后错落感；草坪中间的树丛层次应尽量简化，树种要单纯，林冠线要整齐；整个草坪倘若能向透景面方向微微倾斜，则开阔的草坪空间感更加强烈（图9-44）。

2. 封闭亲切的草坪空间感

欲营造封闭亲切的草坪空间感，首先应将草坪划分成较小的面积，草坪四周应组织密集的树丛，不应开辟透景面，借助树木、花草、建筑、山石等增加中间层次的景物，且应确保层次丰富变化，造成处处有景、令人目不暇接之感。

3. 山林意境

欲营造"咫尺山林"的草坪意境，需要借助起伏的地形，在一定的坡地上，利用不同种类、不同高度的树丛相结合，与山石、小径形成对比，增强地形的起伏感，组成层次丰富的林冠线，从而令人感悟到深邃的山林意境（图9-45）。

六、草坪树丛的组织艺术

草坪空间氛围的准确营造和把握有赖于草坪树丛的合理组织，设计者首先应对树丛在草坪空间所扮演的角色有准确的定位，明确其究竟是主景树丛、隔离树丛、背景树丛还是庇荫树丛，从而采用相应的配植方式。

1. 隔离树丛的组合

隔离树丛通常用于划分草坪空间，一般设于草

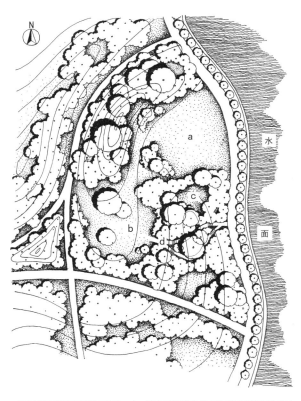

a. 开阔的草坪空间氛围　b. 半开敞半封闭的草坪空间氛围
c. 封闭的草坪空间氛围　d. 咫尺山林的草坪空间氛围

图9-43　草坪的空间氛围

图9-45　咫尺山林的草坪空间氛围/杭州

图9-46　较自然的隔离树丛组合/杭州

图9-44　开阔的草坪空间氛围/美国纽约中央公园

坪的边缘，选择结构比较紧密、单一的常绿灌木或乔灌木多层组合树种，起到隔离视线的作用。在园林景观空间中，通常采用多层组合的隔离树丛，中间高耸的为常绿乔灌木，两边依次由高到低栽植的为花灌木及多年生地被开花植物，这样既达到了阻隔视线的目的，又为两侧空间增色不少（图9-46、图9-47）。

2. 背景树丛的组合

草坪上的孤植树、主景树丛、花坛、花丛、雕

图9-47　较规则的隔离树丛组合/泰国

景观艺术设计

塑、喷泉、建筑物等，通常需要有背景树的衬托，才能充分发挥其观赏价值。背景树要求结构紧密，通常选用常绿乔灌木，树种单一或色调相近，林冠线整齐，林缘线也不宜曲折多变，切忌喧宾夺主。

3. 庇荫树丛的组合

草坪是景观空间中最吸引人群的场所，但是炎炎夏日，人们需要一定的庇荫，因此草坪上的庇荫树显得十分必要。庇荫树应选择树冠庞大、冠下高度在2.5～3.5m、枝繁叶茂的球形或伞形树冠最为合宜。孤植的庇荫树在其庇荫范围内应尽量少配植花卉和灌木，以保证足够的庇荫面积；庇荫树丛的组合，应注意朝向，防止西晒，可采用南北长、东西短的平面布局，使庇荫面积最大化。

七、草坪的主题

草坪空间多数都有主题作为视景焦点。草坪的主题可以是孤植树、树丛、树群、花坛、花丛、雕塑、喷泉、建构筑物等。作为草坪主题时，切忌将其布置于草坪中央，而应偏于一端的自然构图重心上，则更显生动。当然，有些草坪因其位置偏僻，在景观总体规划中仅起陪衬作用，则可不设主景。

第八节　水景植物的种植设计

一、水景植物的组织与选择

水体是景观构成的重要因素，水体浅绿透明，简洁深远，可游可赏，给人以亲切、宁静、清澈之感，水中和水边的植物，其优美的姿态、丰富的色彩倒映在水中，更是强化了水体的美感，可谓是锦上添花。

景观中的水体形式多样，本节所指的水体主要是指可形成植物倒影的湖、河、泉、溪、池等自然形式水体及规则式园林中的静态水体。总体来说，在湖、河等较大水面的岸边种植，应注意突出季相、表现植物的群体之美（图9-48），在河道两侧还应利用植物种植把握空间的收放节律；在池、泉边的设计应突出植物的个体，善于利用植物来分隔空间，以收到小中见大的艺术效果（图9-49）；溪涧与峡谷间的设计可大量利用花灌木来产生夹景，制造野趣。

具体来说，水边种植应选择耐水湿的植物，且要符合植物的生态要求，同时要体现景观设计的立意和主题，方能创造理想的景观空间和艺术效果。鉴于水体的色调多为较为单一的淡绿色，形体大多也较为简洁，因此通常选择诸如柳树、水杉等枝条柔美、英姿潇洒的树种以及红枫、鸢尾等色彩鲜艳的色叶木和花木植于岸边，同时应考虑四季有景，形成季相丰富、色彩绚丽而多变的生动水景（图9-50）。水景种植应关注其林缘线和林冠线的组织。水边的林缘线最忌与水岸线平行，应时而远离时而直逼驳岸，时而覆盖驳岸甚至打破岸线的控

图9-48　在较大水面的岸边种植应着力表现植物的群体美/芬兰赫尔辛基

图9-49　小型水面应善于利用乔灌木分隔空间，获得小中见大的艺术效果/成都

制出挑于水面之上，方能产生妙趣横生的生动景象；水边的林冠线也宜高低错落，以利于形成多变的水中倒影，同时，水边的林冠线常常肩负框景作用，但其框景不同于常规突出某一主景"点"的做法而是要将人们的视线导向整个水"面"，因此应适当加大种植间距，结合地被植物和矮小的灌木，利用上下两层林冠线形成水平带状框景效果。水岸弯曲转折处，通常是水景最为旖旎之处，最适合安放主景，在这里采用榕树、垂柳、白蜡、白皮松、红枫等优良树种并以孤植的形式作岸边主景是最具亲和力的手法（图9-51）。另外，水边适当丛植一些湿地多年生水生草本植物如芦苇、水葱等，既便于管理，又可增添无穷野趣。

二、水生植物的分类及配植原则

水景植物以水生植物和湿生植物为主，它们分布在水中、沼泽或岸边浅水港湾、热带滨水潮湿蔽荫区域，色彩斑斓，形态多样，在水面形成多姿多彩的倒影。正是有了它们的点缀，才打破了水体的色彩和形态的单一性，起到画龙点睛的效果。水生植物和湿生植物在前文中已有介绍，需要细述的是水生植物是一个种类丰富的植物类群，依据其生态习性、生长方式和造景特点又可分为挺生植物、浮叶植物和漂浮植物。

1. 挺生植物

此类植物茎叶挺出水面，而根生于水深不超过1m左右的浅水泥沼中。园林植物中常见的挺生植物有荷花、菖蒲、千屈菜、水葱、慈姑、荸荠、香蒲、芦苇、鸭舌草、水芹等。此类植物可丰富水体

岸边的景观。

2. 浮叶植物

此类植物仅叶、花浮于水面，茎不露出水面，可生长在浅水区或稍深一些的水体中。园林植物中常见的浮生植物有睡莲、芡实、王莲、红菱、菱、水罂粟等。此类植物常被用于面积不大的较深水体中，起到点缀水面、形成水面视觉焦点的作用。

3. 漂浮植物

此类植物漂浮于水中，不固定生长在某一地点，适合生长于各种水深的水体，全株没入水中或仅少许叶或花露出水面，繁殖迅速，并能有效净化水体。园林植物中常见的漂浮植物有浮萍、水浮莲、水毛茛、金鱼藻、水马齿等。此类植物既可点缀小型静态水体，又可增加大面积水体的曲折变化。

水生植物的配植应遵循一定的艺术原则。首先，数量要恰当，一般对水面的遮蔽不应超过水体面积的1/3，以保证产生水中倒影的效果，同时应疏密有致，时断时续，切忌沿岸种满一圈的做法（图9-52）；

图9-51　水岸的种植处理/马来西亚吉隆坡

图9-52　水生植物的配植应控制数量，时断时续、疏密有致/扬州个园

图9-50　水岸配植应选择枝条柔美、英姿潇洒的物种/无锡蠡园

其次，应依据水体环境的条件和特点如水面大小、水体深浅等因素进行种植设计。在较小面积的庭园水体中，宜布置水生观赏花卉，如荷花、睡莲、香蒲等，而在大面积的湖泊沿岸，则采用观赏性与生产相结合的芦苇、莲藕、芡实等，更是别有一番自然野趣；再次，可采用一种或多种植物搭配。多种搭配时应注意主次分明、高低错落、在花色花期上产生对比与协调；最后，为确保水体景观效果，应控制水生植物的生长范围，针对挺生植物和浮叶植物，可采用水下设容器或种植床来限定范围，而针对漂浮植物，则往往采用有一定形状的、固定或漂浮的浮框来控制其生长范围，形成水面上漂浮的绿洲或花坛景观。

第九节　园路植物的种植设计

在景观场所中，园路大约占到总面积的12%，是景观构图的骨架，具有引导游览、分散人流的功能，同时也可供游人散步和休息之用。园路本身就是景，是最贴近游人的景，同时，对于后续景点的展现起到诱导和情绪的酝酿和培育作用。因此，园路的种植设计也应根据其不同的功能，创造不同的环境氛围。鉴于园路最接近游人的共性，园路旁应选择姿态优美、树冠浓密、高低适度、花色鲜艳、叶形奇特、气味芳香的树种和草种。

一、园林主路的植物种植设计

园林主路联系主要出入口、各功能分区以及风景点，也是各区的分景线。园林主路的种植设计应能反映该区域总体景观特色和规划风格，如规则式园林宜选择整形的植物列植，自然式园林宜选体形相近、主干优美、树冠浓密、高低适度、起到庇荫和框景作用的地方树种，如合欢、马尾松、白蜡、元宝枫、香樟、乌桕、无患子等，并采用列植作行道树的方式，以加强主路的透视感。此外，园林主路的种植设计可采用同一树种或以某一树种为主的方式，也可以采用多个树种分段轮流作主要行道树的方式，同时在下层可根据需要配植季相互补的小灌木丛和花丛、地被植物，加强空间的限定和划分（图9-53）。

二、规则式园路的植物种植设计

规则式园路旁的植物种植，均可采用对称列植的方式，上层乔木可选用整形树木也可选用体形相近的自然树形，但接近人的视线及视线高度以下的部分均应采用整形的植株。在采用上、下乔灌木地被植物多层次水平带状组合的同时，垂直方向还可以采用2或3种乔、灌木等距间隔种植的方式，形成韵律和节奏，其中乔木宜选常绿树种，而灌木以花灌木为宜，以避免单调感。

三、自然式园林径路的植物种植设计

自然式园林中园林径路为道路的主体，游人游兴的起伏、情绪的缓冲、过渡和变化都在其中完成。与园林主路的种植不同，自然式园林路径不必强调主路的礼仪性和正式性，而多了些悠闲、随意和自在，与起伏的地形和水石相结合，更添了几分自然野趣和山林气息。园林径路种植设计没有一定之规，在符合总体立意的前提下，越自然越好，给人以回归大自然的感觉。一般道路多弯曲，两边采用不对称的种植形式，常采用两边交替分段式，一边郁闭一边开敞，间或点缀三两丛花丛、禾草、山石，形成步移景异、变幻莫测的景象（图9-54）。同时上层乔木宜采用树姿自然、高大的树种，与下层灌木、地被、山石形成高低、大小的对比，更添自然之趣（图9-55）。此外，花径也是园林中特色鲜明、令人赏心悦目和为之陶醉的景象。花径的设计，应选择花形独特、花色鲜艳、气味芳香、花期一致的品种，且应适当抬高种植床，限制花径宽度，使游人更易亲近和观赏。最好为花带设置常绿的背景树丛，使其姿色更加出众（图9-56）。

图9-53　园林主路旁应选择主干优美、树荫浓密的地方树种/桂林

图9-54　轻松随意的园林径路/桂林

图9-55　具有自然野趣的园林径路/成都

图9-56　令人陶醉的花径/杭州

思考与练习

1. 简述景观设计中种植设计的主要作用。

2. 简述景观植物配置的基本原则。

3. 描述三类不同姿态的植物，说明其动态所传达的意向有何区别，在不同氛围的景观环境塑造中该如何应用。

4. 简述不同尺度空间该如何选择相应的植物。

5. 简述丛植的配置规律。

6. 设计一个草坪空间，说明起伏的微地形和曲折的林缘线对于草坪空间氛围的营造有何意义。

7. 滨水植物种植的一般规律是什么？

8. 设计一个适合双向观赏的隔离树丛。

第十章
景观设计构思表达

　　景观设计的构思表达主要是从专业的角度，以图示的方式清晰地表达设计构思，用于交流并指导后期物化设计。景观设计构思表达方式的专业形式语言主要有景观设计草图、景观设计方案制图和景观设计效果图等。其中景观设计草图主要是通过徒手线条图的方式来完成的，因而，景观设计草图又可称为景观设计徒手草图（图10-1）；景观设计方案制图是对设计构思更加系统、规范、完整的表达，是正式的设计文件，主要是借助于绘图仪器或计算机软件，也常结合一定的徒手线条来完成；景观设计效果图既可以通过徒手作图的方式，又可以借助于绘图仪器或计算机软件或二者结合来完成。

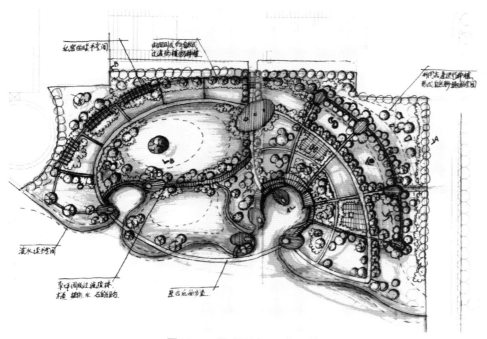

图10-1　景观设计平面构思草图

第一节　徒手线条图

徒手线条图是指不用绘图仪器，而采用目估比例的方法，徒手绘出来的图。徒手而画的图又称之为徒手草图，而非潦草、杂乱无章的图。作为工程设计的表达手段，徒手草图秉承了工程设计表达的基本原则，强调明确反映户外空间和空间物体（即景观设计对象）的真实面目及内在结构，重在"写实"，因而在第一印象中为人们所理解和接受。

徒手线条图在学习景观设计和实际景观设计工作中有着重要的运用价值，是景观设计学习者和工作者必须掌握的基本技能。首先，无论在学习景观设计还是实际景观设计工作中做设计方案构思时，都需要以徒手草图的方法来完成；其次，在景观设计制图中，一些无法借助绘图仪器完成的图中内容（如地形、植物、水体、材料肌理等）也需要利用徒手线条图的方法来完成；另外，在景观设计的过程中，涉及基地踏勘、资料收集以及技术业务交流等环节的，同样也需要借助徒手草图的方法来完成。

一、徒手作图的工具

绘制徒手线条图的工具主要有铅笔和钢笔两大类。不同的笔作徒手草图有着不同的效果。铅笔最大的特点在于：使用同一支笔就能画出不同深浅及粗细的线条，可以说控制自如。尤其是在作方案设计徒手草图时，使用铅笔能及时捕捉设计灵感，使之跃然纸上，实现脑—眼—手—图的联动。徒手作图中的"钢笔"是普通钢笔、针管笔、墨水笔、速写笔等的统称。相对铅笔所作的徒手线条图来说，钢笔所作线条粗细一致，但不同类型的钢笔所作线条各有特点。

二、徒手线条图的训练

徒手线条图的练习可以从较为简单的直线段的画法开始。首先是水平线、垂直线、斜线以及等分直线段的训练，然后练习直线段的整体排列和不同方向的叠加，在此基础上，进行徒手曲线线条及其排列和组合、不规则折线或曲线以及不同类型的圆等练习，最后是以上各种类型的线条的组合练习。在徒手线条图的练习过程中，要注意脑—眼—手—线的四位一体，加强练"眼"和练"手"，循序渐进地掌握其绘制要领。

三、徒手线条的质感表现

徒手线条图具有通过不同的线条组合来表达景观设计中所运用的不同材料的质感的特点（图10-2）。另外景观设计的视图中部分内容的表达无法借助常规的绘图器具来完成，因此在实际的景观设计制图中常常须凭借徒手线条的特点来完善和充实图纸。

图10-2　徒手线条的质感表现

第二节　景观设计构思草图

一、空间结构关系构思草图

在景观设计过程中，空间结构关系构思草图是不可或缺的重要部分，徒手的构思草图包含着设计思路的开放性和更多的可能性。设计者应依据具体景观场所的现状条件、功能和氛围的设计定位，综合整理出各部分功能流线关系，结合设计主题及景观环境的氛围基调，选用特定意义的抽象图形，作出整体空间结构关系草图（图10-3、图10-4）。

空间结构关系构思草图中包含着大量的以抽象图形来表达的设计信息，这些徒手图形是根据其实际状态概括而来，并为人们所熟悉，具有特定的象征意义。如代表不同等级或类型的入口，须重点刻画的视觉焦点、道路、墙垣等隔离物，以及植物群落，树木（绿化），石块（堆石），水体等（图10-5~图10-8）。

在明确了整体空间结构关系的基础上，便可以进入具体方案平面图的深化和剖立面图的推敲、完善阶段。

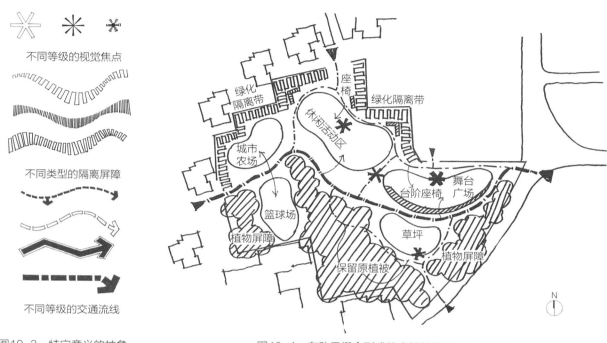

图10-3　特定意义的抽象
　　　　 图形

图10-4　有助于概念形成的空间结构关系构思草图

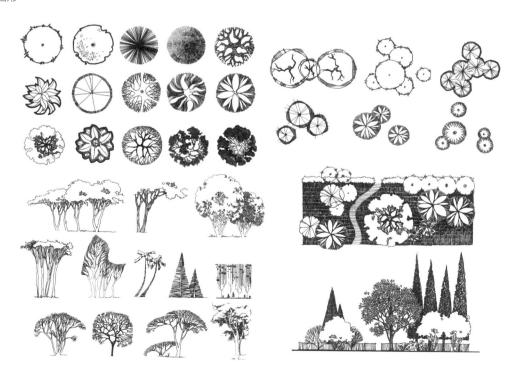

图10-5　树木的表达

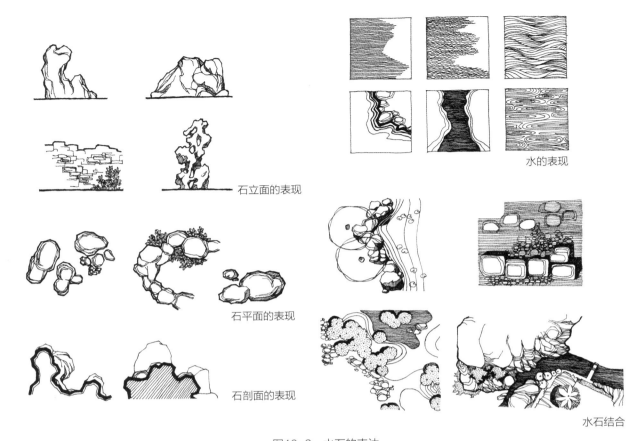

石立面的表现

水的表现

石平面的表现

石剖面的表现

水石结合

图10-6　水石的表达

景观艺术设计

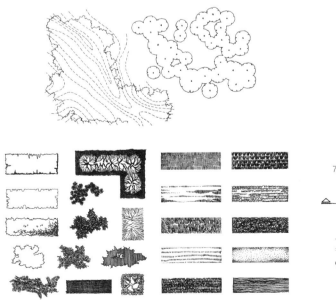

图10-7　灌木、地被、草坪的表达

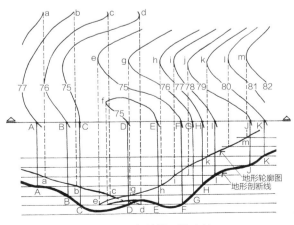

图10-8　起伏地形的表达

二、景观设计方案图中的徒手表达

尽管景观设计是空间艺术的设计，但有别于建筑设计和室内设计，其设计成果的范围基于户外空间，没有完全封闭的空间形式，仅有底界面承载和相对垂直界面的围合，缺乏顶界面的限定，同时其空间范围相对较大，设计元素丰富多样。因此，绘制好景观设计的平面图和剖立面图的意义显得十分重要，尤其在方案构思设计阶段，景观平面图的深度表达对全面了解景观设计的思想和内容有着十分重要的辅助作用。有关景观设计的平面图及剖立面图在方案设计阶段的表达深度要求将在下一节有专门的描述，这里仅介绍徒手线条的质感表现和具特定意义的徒手图形的主要表达方法。

1. 质感表现法

质感表现法主要通过色调和徒手线条来生动地表现平面图中各种材质的质感与肌理，使景观设计平面图的画面不仅表达各设计元素的形态，同时表现其组合后的设计效果，使画面具有真实感。其中可利用不同色调（黑白或彩色）、不同粗细的线条和不同轻重的笔触来表现各设计元素的远近层次（图10-9）。

2. 阴影表现法

阴影表现法是一种对各设计元素添加阴影的方法，它利用视错觉的原理，增加平面图的立体效果，从而丰富景观设计平面图的表现力。添加阴影时，需要注意的是，在同一个图中，相同高度的设计元素的阴影长度应相同，所有设计元素的阴影方向应保持一致。另外添加阴影可采用涂黑或线条组合的方式。

在具体的景观设计平面图的徒手表达中，质感表现法和阴影表现法是可以组合在一起使用的（图10-10）。

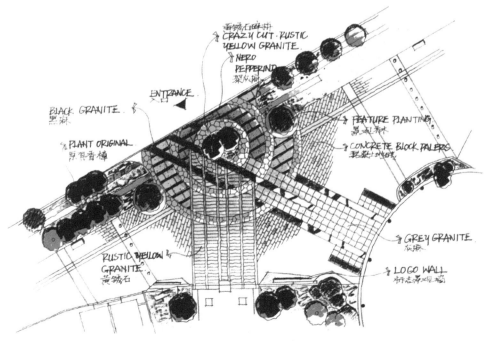

图10-9 质感表现法的运用

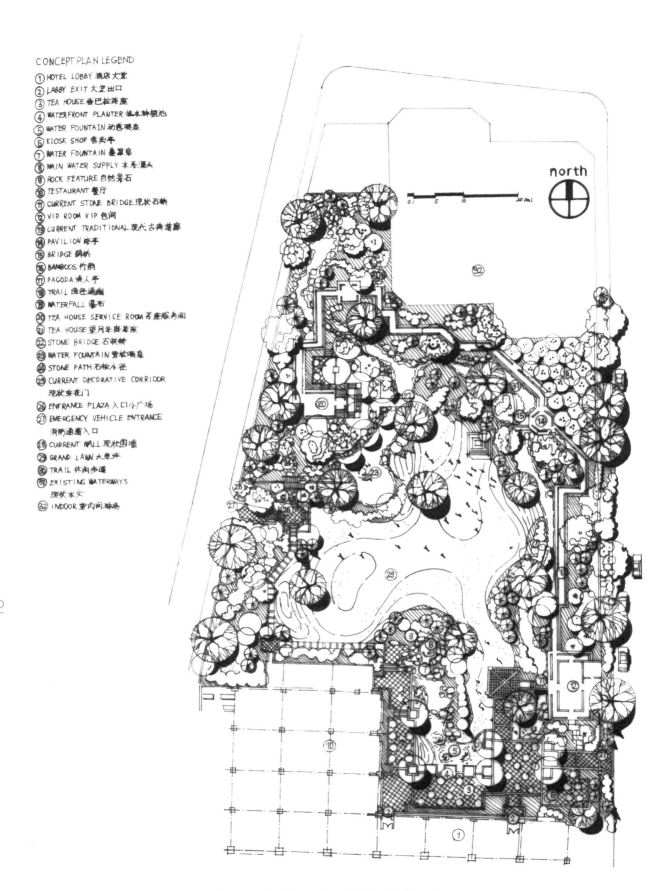

CONCEPT PLAN LEGEND
① HOTEL LOBBY 酒店大堂
② LABBY EXIT 大堂出口
③ TEA HOUSE 香巴拉茶座
④ WATERFRONT PLANTER 临水种植池
⑤ WATER FOUNTAIN 动感喷泉
⑥ KIOSK SHOP 售卖亭
⑦ WATER FOUNTAIN 叠翠泉
⑧ MAIN WATER SUPPLY 水系源头
⑨ ROCK FEATURE 自然景石
⑩ TESTAURANT 餐厅
⑪ CURRENT STONE BRIDGE 现状石桥
⑫ VIP ROOM VIP 包间
⑬ CURRENT TRADITIONAL 现代古典游廊
⑭ PAVILION 凉亭
⑮ BRIDGE 韵桥
⑯ BAMBOOS 竹韵
⑰ PAGODA 情人亭
⑱ TRAIL 曲径通幽
⑲ WATERFALL 瀑布
⑳ TEA HOUSE SERVICE ROOM 茶座服务间
㉑ TEA HOUSE 望月华庭茶座
㉒ STONE BRIDGE 石拱桥
㉓ WATER FOUNTAIN 雪松喷泉
㉔ STONE PATH 石板小径
㉕ CURRENT DECORATIVE CORRIDOR
  现状垂花门
㉖ ENTRANCE PLAZA 入口小广场
㉗ EMERGENCY VEHICLE ENTRANCE
  消防通道入口
㉘ CURRENT WALL 现状围墙
㉙ GRAND LAWN 大草坪
㉚ TRAIL 休闲步道
㉛ EXISTING WATERWAYS
  现状水文
㉜ INDOOR 室内网球场

north

图10-10　质感表现法和阴影表现法的组合运用

景观艺术设计

第三节　景观设计方案图

景观设计一般由建筑物或构筑物、室外场地（主要指硬质场地）、道路、步行道、植物、户外公共设施、水体、公共艺术品、地形等主要内容构成。景观设计方案阶段的主要图纸是指景观设计的平面图、立面图、剖面图等。

一、图线种类及等级

在绘制景观设计方案图时，为了表示出图中不同的内容，同时便于识读图纸和分清主次，常常运用不同粗细的图线表达不同的设计内容。

通常每个图的线宽种类不得超过三种，即粗线、中粗线、细线相互成一定的比例。常用的线宽比为1：0.5：0.35。在绘制比较简单的图或比例较小的图时，可采用两种线宽，其线宽比应为1：0.35。在绘制比例较小的图或比较复杂的图时，应相应选择较细的线宽。

图线的种类有实线、虚线、点划线、双点划线、折断线、波浪线等，各种类根据不同的用途将用在具体的设计图中。实线类图线在景观设计中使用频率较高，其又可分为粗实线、中实线和细实线。粗实线用于表示主要可见轮廓线，即景观设计平、剖面图被剖切的主要建筑物构造的轮廓线，景观设计及建筑物立面图轮廓线及构造详图中被剖切的主要部分的轮廓线，构筑物轮廓的外轮廓线，剖切位置线，地面线等。中实线主要用于表示可见轮廓线，即景观设计平、剖面图中被剖切的次要构造的轮廓线，景观设计平、立、剖面图中建筑构配件的轮廓线及构造详图和构配件详图中的一般轮廓线等。细实线主要用于图中尺寸线、尺寸界线、图例线、标高符号、重合断面的轮廓线、较小图形中的中心线等。

总之，图线在景观设计制图中具有极为重要的地位，它不单是一些线条，还是代表着意义的线条，更是作为景观设计物化的依据。

二、平面图

1. 平面图的表达内容

景观设计平面图是指在景观设计场地范围内以水平方向进行正投影而产生的视图。

景观设计平面图主要表达场地的占地大小，场地内建筑物及构筑物的大小及屋顶的形式和材质，道路与步行道的宽窄及布局，室外场地（主要指硬质场地）的形状和大小及铺装材料，植物的布置及品种，水体的位置及类型，户外公共设施和公共艺术品的位置，地形的起伏及不同的标高等。

2. 平面图的画法

① 先画出基地的现状（包括周围环境的建筑物、构筑物、原有道路、其他自然物以及地形等高线）（稿线）。

② 依据"三定"的原则，把景观设计中的相关设计内容的轮廓线画入（稿线）；"三定"即定点、定向、定高。"定点"即依据原有建筑物或道路的某点来确定新建内容中某点的纵横关系及相距尺寸；"定向"即根据新设计内容与原有建筑物等朝向的关系来

确定新设计内容的朝向方位；"定高"即依据新旧地形标高设计关系来确定新设计内容的标高位置。

③ 画出景观设计中相关设计内容的划分线和材料图例（如地坪划分和材料、室外场地的划分和材料、植物、水体等）以及地形的等高线（稿线）。

④ 加深、加粗景观设计中相关设计内容的轮廓线，再按图线等级完成其余部分的内容。其中，各相关设计内容的轮廓线最粗，其余次之。在剖面图的剖切位置标明剖切符号。

平面图中还应标明指北针和比例尺，有必要时还需附上风向频率玫瑰图。

景观设计平面图的绘制应注意图面的整体效果，应主次分明，让人一目了然，避免因为表达的内容过多而造成图面混杂和零乱（图10-11）。

三、立面图

1. 立面图的表达内容

景观设计立面图是景观设计要素在场地水平面的垂直面上的正投影。亦如建筑设计的立面图一样，景观设计的立面图可根据实际需要选择多个方向的立面图。

景观设计立面图主要表达了景观设计在垂直方向上的轮廓起伏和节奏、地形的起伏标高变化、设计所用树木的形状和大小、建（构）筑物及户外公共设施和公共艺术品的高宽体量等（图10-12）。

2. 立面图的画法

① 依据景观设计平面图画出其建筑物或构筑物等景物要素相应的水平方位和轮廓线（稿线）。

② 画出地坪线（包括地形标高的变化）（稿线）。

③ 画出建筑物或构筑物的高度体量以及树木等的轮廓线（稿线）。

景观艺术设计

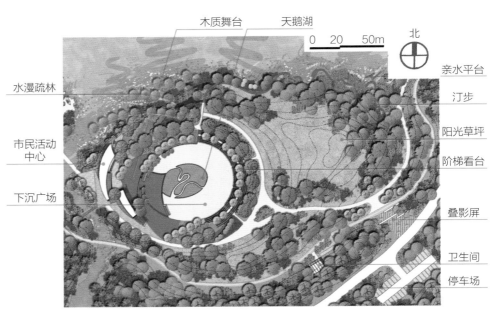

图10-11 景观设计平面图

图10-12　景观设计立面图

④ 加深地坪剖断线，并依次按图线的等级完成各部分内容，其中地坪剖断线最粗，建筑物或构筑物的轮廓线次之，其余更细。

四、剖面图

1. 剖面图的表达内容

景观设计剖面图是假想一个铅垂面剖切景园后，移去被切部分，其剩余部分的正投影的视图。

景观设计剖面图主要表达景观设计场地范围内地形的起伏、标高的变化、水体的宽度和深度及其围合构件的形状、建筑物或构筑物的室内高度、屋顶的形状、台阶的高度等。

2. 剖面图的画法

① 先画出地形剖面线、剖切到的建筑物剖面（稿线）。

② 画出其他未剖切到建筑物或构筑物的投影轮廓线（稿线）。

③ 画出树林等的投影轮廓线（稿线）。

④ 加深地形剖面线，然后依图线的等级来完成各部分内容。其中地形剖面线和被剖切到的建筑物的剖面线最粗，其他轮廓线次之，划分线最细。

⑤ 标明地形变化处的标高。

在景观设计剖面图中，涉及水体时，应画出其水位线。

在景观设计的平面图、立面图和剖面图中，尽管由于景观设计的场面较大，立面图、剖面图中一般高宽比悬殊，且图面远没有平面图丰富而生动，但是三者的意义和价值是等同的。另外，景观设计的立面图与剖面图不如建筑设计的立面图与剖面图之间的差异大，而是貌似基本一致。实际工程中，通常将景观设计的立面图与剖面图合二为一，并称为剖立面图（图10-13）。

图10-13　景观设计剖立面图

在景观设计的不同阶段，图纸所要求表现的深入程度是不同的。以上介绍的平面图、立面图、剖面图的画法，仅为方案阶段的表达深度。除了上述图纸外，景观设计的施工图中还要补充各种景观设计细部节点构造详图、场地中建筑物或构筑物的施工图、花木栽植施工图、水电施工图、竖向设计等。

第四节　景观设计效果图

一、透视图

1. 透视图的概念

透视图是画好景观设计效果图的基础（只有少量的景观设计效果图采用平面和立面或轴测图的方式）。而就其概念而言，透视图是以作画者的眼睛为中心做出的空间物体在画面上的中心投影（而非平行投影）。它是将三维的空间景物转换成二维图像，逼真地展现了设计者的预想构思。

2. 透视图的种类

透视图主要有一点透视、二点透视和鸟瞰图三种。

（1）一点透视

一点透视也称为平行透视。其画法简单，表现范围较广，纵深感强，不仅适合于表现严肃、庄重或轴线感强以及较为开阔的户外空间，也适合于小范围户外空间的景观设计的分析表现。缺点是画面场景稍显呆板，且在正常视点高度范围内，无法表现景观空间的相互关系和景观设计的总体效果。

（2）两点透视

两点透视也称为成角透视。其表现范围更广，除了适合于表现比较活泼自由的户外空间的景观设计，还适合于小范围景观节点的分析表现。缺点是画法比一点透视复杂，若角度选不好，易产生局部变形。同样，在正常视点高度范围内，它也无法表现景观空间的相互关系和景观设计的总体效果。

（3）鸟瞰图

鸟瞰图也称为俯视图。它既可以是一点透视，也可以是二点透视。它的观看角度是自上往下看。它的特点是便于表现景观空间形体的相互关系和景观设计的总体效果，尤其当景观设计总平面具有良好的图底关系时，效果最佳。缺点是，当景观空间缺少节奏变化时，效果会显得较为单调。

二、轴测图

除透视图之外，轴测图也是景观设计的立体表现方式。在综合性的大型公共空间的景观设计中，所有的透视图都只能表达出该公共空间的一个局部，如运用轴测图能反映出户外空间形体的整体关系和景观设计的总体效果（图10-14）。需要说明的是，轴测图并非透视图，它是由非正视的平行投影根据空间坐标 x、y、z 轴产生出来的立体图，它的三个方向的尺寸均可以按比例量出。作图较为简单，它的缺点是不真实和不符合人眼的近大远小的原则，画面不够生动。轴测图包括正轴测图和斜轴测图两种。

三、工具与材料

绘制景观效果图，首先需要熟悉各种经常使用的绘图工具与材料，并熟练掌握其各自的性能，其次需要在使用中运用自如。主要工具有铅笔、彩色铅笔、钢笔、马克笔、水粉笔、水彩笔等，主要材料有描图纸、白卡纸、色卡纸、水彩颜料、透明水色等。每个人可根据自己的使用习惯选用最适合自己的工具与材

图10-14　轴测图

料的组合，关键在于一切从最佳表现效果出发，以不变应万变，不必去遵循一些技法书上所说的某种技法只能选用某些工具与材料的说教。当然，除去以上传统手绘景观效果图的工具与材料外，借助多种电脑绘画软件亦是绘制景观设计效果图的利器，电脑绘制景观效果图在建模方面（画透视图）具有强大的优势，若熟练掌握有关绘画软件，可取得逼真动人的表现效果。值得强调的是，手绘景观效果图是学习景观设计中必须掌握的表现技能，亦是提高设计艺术修养的重要途径，当下采用手绘和电脑软件协同制作景观设计效果图的已屡见不鲜。

四、常用手绘表现技法

景观设计的表现技法有很多种类，但景观设计的效果图表现有别于建筑设计或室内设计的效果图表现。比如建筑单体或室内设计的效果图表现，场面一般不会太大，需要表现的对象较为单一，且以空间形体为主，相对单纯而完整，而在景观设计的效果图表现中，场景一般都较为宏大，需要表现的对象较为复杂而多样，且是非单一的空间物体。这也是景观设计效果图表现在场景和对象方面与上述其他效果图表现的最大区别，更是其表现上的难点。因此，手绘景观效果图的表现大多强调空间景物和空间结构关系的真实，重视材质肌理和基本色彩关系的描写以及对环境氛围的追求和表达。手绘景观设计效果图一般都具有一种"装饰味"（图10-15～图10-17）。

根据景观设计效果图表现对象的特点，这里仅介绍三种常用的适合于手绘的表现技法，同时这三种技法也是较为适合于景观设计快速表现的技法。

1. 马克笔表现

马克笔具有快干、不需用水调和、着色方便和表现速度快的特点。马克笔分油性和水性两种：油性渗透力强，色彩鲜艳；水性色彩淡雅，较易与其他技法合用，应用广泛。马克笔色彩透明，主要通过粗细线条的排列和叠加来取得丰富的色彩变化效果，因此一般按先浅后深的步骤作画。另外，马克笔的笔头是毡制的，具有独特的笔触效果，绘画时应充分加以利用。油性笔因其覆盖性强，建议慎

图10-15　手绘效果图1

图10-16　手绘效果图2

图10-17　手绘效果图3

用。色彩艳丽的马克笔只适合小面积的使用。马克笔同时也可与透明水色和钢笔线描等配合使用。

2. 钢笔水彩表现

尽管水彩的明度范围小，表现时有空间感弱和画面不够醒目等问题，但其色彩淡雅细腻，轻松透明，加上利用钢笔勾画出空间形体和空间结构关系，若二者结合，倒也相得益彰。需要注意的是，因水彩的覆盖性较差，作图前应先打小稿，确定色彩调子和基本色彩关系。钢笔线应在画完水彩颜料后再上，可避免线条因水彩颜料的堆积而变得模糊不清。

3. 铅笔透明水色表现

透明水色颜料明快鲜艳，比水彩颜料更加透明，渗透力更强。因此，叠加层数不宜过多，也不易修改。另外它对纸面的要求比较苛刻，铅笔稿线尽量淡些，不要使用橡皮，以免损伤纸面而留下疤痕，影响画面效果。

在景观设计效果图的实际表现中，不应囿于一种技法，可以采取综合的表现方式。所谓综合的表现方式就是将两种以上表现技法进行组合。这需要在熟练掌握上述表现技法的基础上，能够灵活地运用。总之，景观环境设计是一门空间综合艺术，在表现对象时应注重空间氛围的塑造，可运用色彩的对比、光影的强弱变化和笔触的粗细大小等手段来增加空间的层次。另外需要掌握一些常用的材质、植物、人物等配景的表现方法，若运用得当，将有助于增加图面的表现力。

五、运用软件绘制的景观设计效果图赏析

要真正画好景观设计的各种表现图，掌握有关基本训练要领以及有关表现技法是基础，此外还要多动脑思考与体会，多"阅读"一些好的设计作品和相关艺术作品，不断提高自己的审美情趣和景观设计表现能力。这几方面缺一不可（图10-18～图10-22）。

图10-18　运用软件绘制的景观效果图1

图10-19　运用软件绘制的景观效果图2

图10-20　运用软件绘制的景观效果图3

图10-21　运用软件绘制的景观效果图4

图10-22　运用软件绘制的景观效果图5

思考与练习

1. 景观设计平面图中必须遵循的"三定"原则是什么？

2. 如何表达景观设计的竖向设计关系？

3. 如何选择不同的设计表现方法来表现不同氛围的景观设计构思，试举例说明。

4. 景观空间结构构思图的意义是什么？与景观平面图是什么关系？举例说明。

5. 景观设计过程中徒手表达有什么意义？

优秀学生
作业示例

参考文献

[1] 大连市史志办公室. 大连市志·城市建设志 [M]. 北京: 方志出版社, 2004.

[2] 刘滨谊. 现代景观规划设计 [M]. 南京: 东南大学出版社, 1999.

[3] (美) 马克·特雷布. 现代景观——一次批判性的回顾 [M]. 丁力扬, 译. 北京: 中国建筑工业出版社, 2017.

[4] (美) 约翰·O·西蒙兹. 景观设计学 [M]. 俞孔坚, 王志芳, 孙鹏, 译. 北京: 中国建筑工业出版社, 2000.

[5] (丹麦) 扬·盖尔. 交往与空间 [M]. 何人可, 译. 北京: 中国建筑工业出版社, 2002.

[6] (美) 克莱尔·库珀·马库斯, 卡罗琳·佛朗西斯. 人性场所 [M]. 俞孔坚, 孙鹏, 王志芳, 译. 北京: 中国建筑工业出版社, 2001.

[7] 周维权. 中国古典园林史 [M]. 北京: 清华大学出版社, 1999.

[8] 王晓俊. 风景园林设计 [M]. 南京: 江苏科学技术出版社, 2000.

[9] 吴家骅. 景观形态学 [M]. 北京: 中国建筑工业出版社, 1999.

[10] 曹林娣. 中国园林艺术论 [M]. 太原: 山西教育出版社, 2003.

[11] (英) 西蒙·贝尔. 景观的视觉设计要素 [M]. 王文彤, 译. 北京: 中国建筑工业出版社, 2004.

[12] 韩西丽, (瑞典) 彼得·斯约斯特罗姆. 城市感知 [M]. 北京: 中国建筑工业出版社, 2015.

[13] 潘谷西. 中国建筑史 [M]. 北京: 中国建筑工业出版社, 2001.

[14] (美) 格兰特·W·里德. 园林景观设计——从概念到形式 [M]. 郑淮兵, 译. 北京: 中国建筑工业出版社, 2010.

[15] 过元炯. 园林艺术 [M]. 北京: 中国农业出版社, 1998.

[16] 张吉祥. 园林植物种植设计 [M]. 北京: 中国建筑工业出版社, 2001.

[17] 芦原义信. 外部空间设计 [M]. 尹培桐, 译. 北京: 中国建筑工业出版社, 1985.

[18] (美) 佛朗西斯·D.K.·钦. 建筑: 形式·空间和秩序 [M]. 邹德侬, 方千里, 译. 北京: 中国建筑工业出版社, 1987.

[19] 洪得娟. 景观建筑 [M]. 上海: 同济大学出版社, 1999.

[20] 杜汝俭, 李恩山, 刘管平. 园林建筑设计 [M]. 北京: 中国建筑工业出版社, 1986.

[21] 过伟敏, 史明. 城市景观形象的视觉设计 [M]. 南京: 东南大学出版社, 2005.

[22] 于正伦. 城市环境创造 [M]. 天津: 天津大学出版社, 2003.

[23] 张斌, 杨北帆. 城市设计与环境艺术 [M]. 天津: 天津大学出版社, 2000.

[24] 赵世伟, 张佐双. 园林植物景观设计与营造 [M]. 北京: 中国城市出版社, 2001.

[25] 刘福智等. 景园规划与设计 [M]. 北京: 机械工业出版社, 2003.

[26] 过伟敏. 室内设计制图技法 [M]. 北京: 中国轻工业出版社, 2001.

[27] 汪菊渊. 中国古代园林史纲要 [G]. 北京: 北京林学院园林系, 1980.

[28] 汪菊渊. 外国园林史纲要 [G]. 北京: 北京林学院, 1981.

[29] 俞孔坚. 景观的含义 [J]. 时代建筑T+a, 2002 (01).

[30] 王劲韬. 中日园林景观比较研究 [D]. 无锡: 江南大学, 2006.

[31] 顾勤芳. 1978—2004年中国城市公共空间发展研究 [D]. 无锡: 江南大学, 2006.